茶多酚调控奶牛低碳养殖的关键路径
——瘤胃甲烷减排与营养吸收协同增效机制

◎ 滕战伟 著

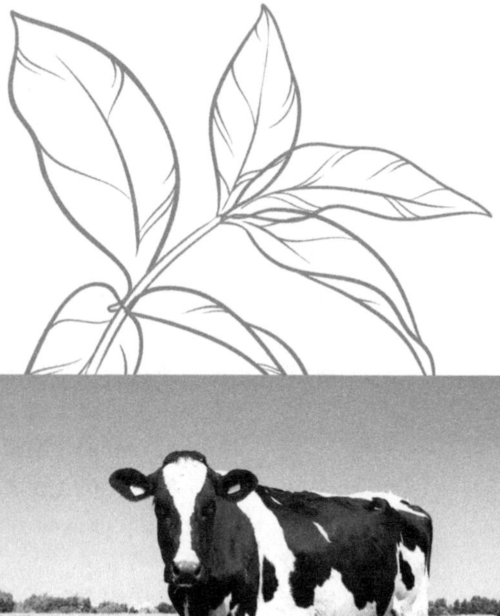

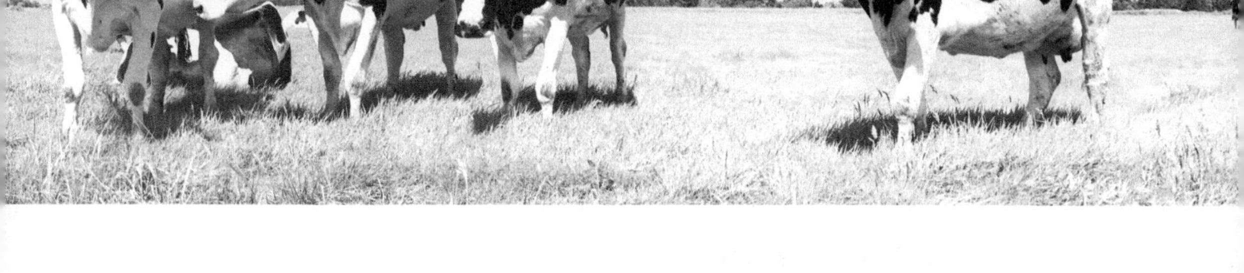

中国农业科学技术出版社

图书在版编目（CIP）数据

茶多酚调控奶牛低碳养殖的关键路径：瘤胃甲烷减排与营养吸收协同增效机制／滕战伟著．--北京：中国农业科学技术出版社，2025.5.--ISBN 978-7-5116-7390-9

Ⅰ.S823.9

中国国家版本馆 CIP 数据核字第 202524DF98 号

责任编辑　金　迪
责任校对　王　彦
责任印制　姜义伟　王思文

出 版 者	中国农业科学技术出版社
	北京市中关村南大街 12 号　　邮编：100081
电　　话	（010）82106625（编辑室）　（010）82106624（发行部）
	（010）82109709（读者服务部）
网　　址	https://castp.caas.cn
经 销 者	各地新华书店
印 刷 者	北京建宏印刷有限公司
开　　本	170 mm×240 mm　1/16
印　　张	9.25　　　　彩插　8 面
字　　数	152 千字
版　　次	2025 年 5 月第 1 版　2025 年 5 月第 1 次印刷
定　　价	68.00 元

◆━━◆ 版权所有·翻印必究 ◆━━◆

前言

反刍动物作为全球畜牧业生产的重要组成部分，在满足人类日益增长的乳肉需求方面发挥着不可替代的作用。反刍动物独特的消化生理特性也带来了不容忽视的环境问题——瘤胃发酵过程中产生的大量甲烷不仅造成饲料能量的严重损失（占摄入总能的2%~15%），更是重要的温室气体来源，对全球气候变化产生深远影响。据联合国粮食及农业组织（FAO）统计，畜牧业排放的温室气体中，甲烷占比高达44%，其中反刍动物瘤胃发酵产生的甲烷排放量尤为突出。与此同时，随着全球人口增长和生活水平提高，对动物源性食品的需求持续攀升，如何在保障畜牧业生产效率的同时减少甲烷排放、提高饲料利用率，已成为当前动物营养学和环境科学交叉领域亟待解决的关键科学问题。

在这一背景下，探索安全、高效、可持续的甲烷减排策略成为国际研究热点。传统抗生素类添加剂虽有一定效果，但因其潜在的耐药性和药物残留问题已被多国禁用。植物源性活性物质因其天然、安全、多功能性等特点展现出独特优势，其中茶多酚作为茶叶中的主要生物活性成分，具有抗氧化、抗菌、抗炎等多种生理功能，近年来在调控瘤胃发酵方面的潜力日益受到关注。研究表明，茶多酚可通过改变瘤胃微生物群落结构、抑制产甲烷菌活性、促进有益菌增殖等多途径影响瘤胃发酵模式，但其具体作用机制，尤其是对瘤胃上皮细胞转运功能的影响尚不明确，这限制了茶多酚在反刍动物生产中的精准应用。

本书作者结合多年的科研实践和工作经验，以荷斯坦奶牛为研究对象，通过体外、半体内和动物饲养试验，运用多组学技术系统探究茶多酚对奶牛瘤胃甲烷生成、粗饲料降解及瘤胃上皮细胞短链脂肪酸转运相关蛋白表达的调控作用。对阐明植物多酚类物质调控反刍动物瘤胃功能的分子机制具有重要理论价值，也为开发新型环保型饲料添加剂、推动畜牧业绿色可持续发展提供科学依据和技术支撑。本书研究内容丰富、条理清晰、方案具体明确，具有较强的科学性、操作性、实用性和参考价值。

本书的出版得到了国家自然科学基金项目（32302798）、国家奶牛产业技术体系（CARS-36）和河南省博士后经费（HN2024110）资助。既适合从事反刍动物生产与甲烷减排方面的科研人员阅读，也可作为高等院校动物科学专业的教师和学生的参考用书。

本书的完成得益于众多师长、同事和亲友的支持与帮助。衷心感谢导师河南农业大学高腾云教授的悉心指导和帮助，在此致以最崇高的敬意。限于作者专业水平，书中难免有不足之处，恳请广大读者给予批评指正。

滕战伟

2025 年 3 月

目 录

第一章 概述 ··· 1
   第一节 反刍动物瘤胃甲烷生成机理及调控措施 ···················· 1
   第二节 反刍动物瘤胃粗饲料降解特性的研究进展 ·················· 8
   第三节 植物多酚在动物生产上的应用 ································ 15
   第四节 研究的总体思路和研究内容 ·································· 20

第二章 茶多酚对奶牛瘤胃体外甲烷生成的影响及其调控机制 ······· 23
   第一节 不同多酚对奶牛瘤胃体外营养物质降解和甲烷生成的
          影响 ·· 24
   第二节 茶多酚对奶牛瘤胃体外发酵 VFA 生成和微生物区系的
          影响 ·· 31

第三章 茶多酚对奶牛瘤胃粗饲料降解及微生物黏附规律的影响 ······ 54
   第一节 尼龙袋法研究茶多酚对粗饲料瘤胃降解规律的影响 ········ 55
   第二节 茶多酚对粗饲料瘤胃微生物动态黏附的影响 ················ 63
   第三节 宏基因组学分析粗饲料上黏附微生物的功能 ················ 78

第四章 茶多酚对奶牛瘤胃微生物与宿主互作的影响 ··················· 88
   第一节 茶多酚对奶牛血液指标、瘤胃发酵参数和微生物区系的
          影响 ·· 89
   第二节 茶多酚对奶牛瘤胃上皮细胞转运的影响 ····················· 96

第五章 总体讨论和结论 ··· 110

参考文献 ··· 116

缩略语词汇表 ·· 141

第一章 概述

第一节 反刍动物瘤胃甲烷生成机理及调控措施

反刍动物实际生产中会产生甲烷（CH_4），CH_4 的增温潜力是 CO_2 的 25 倍，其是温室气体的主要来源[1,2]。反刍动物以 CH_4 形式所损失的能量占其总摄入能的 8%~14%。CH_4 的生成降低了反刍动物饲料能量的转化效率[3]。能量对动物生产性能的发挥和动物机体的健康具有重要作用。在相同的日粮条件下，如何减少反刍动物瘤胃 CH_4 的生成，最大化地将饲料能量供给机体是科研工作者面临的挑战[4]。反刍动物在消化饲料过程中产生自身所需的能量物质的同时产生 H_2 和 CO_2，H_2 可作为底物在产甲烷菌的作用下生成 CH_4。研究表明，反刍动物 CH_4 的生成受到动物品种、日粮组成和瘤胃菌群结构等多种因素的影响[5]。因此，了解清楚反刍动物瘤胃中优势的产甲烷菌菌群和降低底物氢气产量的途径有助于制定 CH_4 减排的有效措施。

一、反刍动物瘤胃甲烷生成途径

反刍动物产生的 CH_4 约 85% 来自瘤胃发酵，CH_4 的生成是瘤胃发酵过程中产生的 H_2 重要利用途径。瘤胃内栖息着大量微生物如细菌、真菌、原虫和古菌等。在这些微生物的协同作用下，反刍动物采食的碳水化合物等有机物被发酵成为反刍动物生长所需的能量、微生物蛋白（MCP）等营养物质，同时产生 CH_4 和 CO_2 等气体[6]。瘤胃中 CH_4 的生成主要是产甲烷菌转化的结果，其能够将 CO_2 和 H_2、甲醇、甲酸等物质转化生成 CH_4。产甲烷菌在甲基-辅酶 M 还原酶（methyl-coenzyme reductase，mcr) 的催化下生成 CH_4，由产甲烷菌生成的 CH_4 占反刍动物 CH_4 生成总量的 90% 以上[7]。mcr 是产甲烷菌中特有的一种酶，但甲烷营养型古菌除外。科研工作者通常采用 mcrA 基因用于产甲烷菌的分类学研究。产甲烷菌生成 CH_4 主要有三种途径，分别是 CO_2-H_2 还原途径、乙酸发酵途径和甲基转化途径，后两种途径 CH_4 的生成量较少。反刍动物 CH_4 生成后主要通过嗳气和排便的方式释放到体外。

二、反刍动物瘤胃产甲烷菌研究概况

瘤胃产甲烷菌属于广古菌门并且严格厌氧。截至目前，产甲烷菌被划分为 4 个纲：甲烷杆菌纲（Methanobacteria）、甲烷球菌纲（Methanococci）、甲烷微菌纲（Methanomicrobia）和甲烷火菌纲（Methanopyri）；7 个目：甲烷火菌目、甲烷球菌目、甲烷杆菌目、甲烷八叠球菌目、甲烷微菌目、Methanobacteriales 和 Methanomassiliicoccales[8-11]。上述产甲烷菌被分类到 13 个科和 31 个属种。产甲烷菌合成 CH_4 过程中，特有 3 种辅酶即辅酶 420、辅酶 M 和因子 B 参与 CH_4 合成。此外，产甲烷菌细胞膜的组成与其他细菌有所不同，产甲烷菌的细胞壁无胞壁酸，细胞膜的脂质通过类异戊二烯、乙醚与甘油或者碳水化合物相连[12]。

目前，高通量测序技术被广泛用于瘤胃产甲烷菌的群落结构和功能研究，用来探索产甲烷菌与环境之间的关系，以期找到与 CH_4 调控相关的靶标菌群。Gonzalez-Recio 等（2017）采用荷斯坦奶牛和瑞士褐牛探究了宿主基因型对牛瘤胃微生物的组成的影响，结果表明瘤胃中甲烷短杆菌和甲烷球菌与 CH_4 的排放高度相关，对宿主基因型和微生物进行关联性分析发现动物品种显著影响甲烷短杆菌[13]。甲烷产量高的动物与甲烷产量低的动物的微生物组成存在差异[14,15]。Wallace 等（2015）采用宏基因组技术对高产牛和低产牛的瘤胃微生物进行分析发现，高产牛瘤胃内甲烷短杆菌属的相对丰度高于低产牛，而琥珀酸弧菌科和参与 CH_4 生成途径基因的相对丰度低于低产牛[16]。Xue 等（2020）采用宏基因组学和代谢组学研究发现，与高产奶牛组相比，低产奶牛组的古菌，Methanobrevibacter 在属分类水平上有较高丰度，M. millerae 在种水平上有较高丰度，这表明低产奶牛可能会产生较多 CH_4[17]。上述两个研究表明低产奶牛甲烷的生成或许是导致奶牛泌乳量降低和生产效率低下的原因之一。除甲烷短杆菌属外，瘤胃 C 簇甲烷菌也在动物的胃肠道内被检测到，中国牦牛瘤胃内瘤胃 C 簇甲烷菌所占比例达 79.4%，这类甲烷菌主要是以甲胺作为底物来生成 CH_4[18-20]。Jeyanathan 等（2014）研究发现，在荷斯坦与娟姗杂交奶牛以及绵羊的瘤胃内均存在反刍兽甲烷短杆菌、奥氏甲烷短杆菌、戈氏甲烷短杆菌（*Methanobrevibacter gottschalkii*）、陶氏甲烷短杆菌和米氏甲烷短杆菌以及 *Methanosphaera* 等与 CH_4 生成相关的产甲烷菌，并且是甲烷生成的核心菌群[21]。上述研究表明产甲烷的核心菌群或许不因动物种类不同和饲料类型的改变而变化，这为进一步区分到底哪些微生物与 CH_4 产量密切相关的靶标菌群提供了思路。董利锋等（2019）综述表明在肉牛瘤胃中甲烷短杆菌属为 CH_4 生成的优势菌群，其组成和多样性不受动物遗传背景和菌群研究方法的影响[22]。但是，不同肉牛品种间产甲烷菌区系的组成及其相关的代谢通路的差异化机制仍需要深入研究。Wang 等（2017）研究发现随牦牛日龄的增加，牦牛瘤胃内产甲烷菌的区系结构及其相对丰度均会发生显著改变。在成年牦牛和老年牦牛瘤胃中甲烷短杆菌属和热无胞壁单胞菌（*Thermogymnomonas*）是这两个生理阶段牦牛瘤胃中的优势菌群，但与成年牦牛相比，甲烷短杆菌属在老年牦牛瘤胃中的相对丰度较高，而热无胞壁单胞菌相对丰度较低[10]。由此可以看出，动物的生理阶段不同，瘤胃内产甲烷菌的构成也存在差异。但绝大多数的研究证实甲烷短杆菌属及其所包含的产甲烷菌种为瘤胃内 CH_4 生成的优势菌群，在 CH_4 生成过程中发挥着主导作用。

值得注意的是，反刍动物瘤胃内不同部位所溶解的 CH_4 浓度和产甲烷菌多样性存在差异，具体表现为背囊部高于腹囊和盲囊部。究其原因是背囊部前段靠近消化道，易混入唾液，混入的唾液升高了该部位的 pH 值，因此，该部位产甲烷菌的多样性较高[23]。这一研究结果提示科研工作者，在开展反刍动物产甲烷菌试验时为保证试验结果的准确性和试验结果之间的可对比性，采集瘤胃液样品时需要考虑采集位点和采集时间的一致性。

三、影响反刍动物瘤胃甲烷生成的因素和调控措施

(一) 影响甲烷生成的因素

反刍动物 CH_4 的生成受到动物遗传背景、采食量、采食行为、反刍时间、瘤胃代谢功能和微生物组成等多种因素的影响[5,24],可以简要概括为动物机体和日粮组成两大方面。

(二) 调控甲烷生成的措施

国内外学者开展了大量调控 CH_4 生成的试验,主要分为以下几类。①日粮营养组成和饲喂管理:通过给动物饲喂高品质的日粮来提高动物的生产性能减少甲烷的生成;这是因为动物采食高品质的日粮能够加强瘤胃内丙酸的生成或者减少乙酸的生成,瘤胃丙酸的生成能够减少 CH_4 生成所需的底物 H_2,从而减少 CH_4 的生成;②瘤胃调控:通过给动物饲喂添加剂直接或间接地抑制瘤胃产甲烷菌的活性来减少甲烷生成;此外还有去瘤胃原虫、饲喂微生物和免疫等方法减少甲烷生成;③遗传选育:通过遗传选育的方式来提高动物的生产性能,减少每单位产物(肉或奶)的 CH_4 产量;④集成措施:在生产上为达到更好的应用效果,通常需要根据动物及日粮的不同采用综合性的技术措施来实施 CH_4 的减排。

1. 调控瘤胃代谢途径影响甲烷生成

瘤胃是一个典型的宿主与微生物共生的系统。瘤胃内含有大量的微生物,不同微生物种类之间相互竞争与共生,共同构成了反刍动物瘤胃独特的消化系统。反刍动物采食的饲料可以被瘤胃内的微生物降解转化成能够被宿主吸收利用的能量物质,同时产生 CH_4。为了更好地解释和定义瘤胃微生物的功能,Morais 等(2019)提出"功能组概念"对瘤胃微生物进行分类研究,即根据微生物的实际功能特征而不是分类学特征来研究瘤胃微生物菌群[25]。依据"功能组概念"分析,瘤胃内 CH_4 的生成过程至少可以分为三种不同的功能组:①氢营养型产 CH_4,代谢输入物为 H_2 和 CO_2;②甲基营养型产 CH_4,代谢输入物为甲基化合物;③乙酸发酵型产 CH_4,代谢输入物是醋酸盐。接下来本部分主要从氢营

养型产 CH_4 的途径来探讨调控 CH_4 生成的措施。

(1) 减少底物氢生成

反刍动物日粮中精饲料和粗饲料的比例影响 CH_4 生成。瘤胃微生物降解消化粗饲料时会产生 H_2，随着日粮中粗饲料的比例增多，H_2 产生增多，CH_4 生成也随之增多。Kumar 等（2013）研究表明提高反刍动物日粮中的精饲料比例，其瘤胃产生的丙酸浓度升高，CH_4 产量降低[26]。这是因为精饲料的增多使瘤胃 pH 值降低，进而导致原虫数量减少，由于产甲烷菌附着于原虫上，所以产甲烷菌数量也随之减少，从而减少甲烷的生成。需要注意的是精饲料饲喂过多不仅会增加饲养成本，并且易诱发反刍动物瘤胃酸中毒。有研究指出，当反刍动物瘤胃内发酵生成的乙酸和丙酸的比值为 0.5 时，丙酸的生成能够完全利用乙酸发酵产生的 H_2，减少生成 CH_4 所需的底物 H_2，因此，机体不生成或者仅少量生成 CH_4[26]。理想的消耗 H_2 的途径是将瘤胃发酵产生的 H_2 转化为 VFA 等可以为动物提供能量的物质。今后，在不影响正常生产的前提下，可以尝试通过调整反刍动物的日粮组成找到一个精饲料和粗饲料搭配比例的平衡点使瘤胃发酵过程中产生的乙酸和丙酸的比值尽可能接近 0.5，来减少 CH_4 的生成。

反刍动物日粮中添加脂类也能够减少 CH_4 的排放量[27]。添加植物油降低 CH_4 排放量的原因是油脂的添加降低了动物的干物质采食量及瘤胃中的不饱和脂肪酸发生氢化减少了甲烷生成所需要的底物 H_2[4]。Poulsen 等（2013）研究表明，奶牛日粮添加菜籽油可显著抑制 CH_4 的生成，采用宏转录组技术对奶牛的瘤胃液进一步分析发现，菜籽油的添加降低了瘤胃中甲基营养性产甲烷菌热原体纲和 *mcrA* 基因的表达量[20]。宿主基因型、瘤胃微生物和日粮组成三者之间存在复杂的交互作用，那么，油脂类减少 CH_4 的排放是否受到宿主基因型的影响呢？为此，Gastelen 等（2017）选用基因型 DGAT1 KK 和 DGAT1 AA 各半的产奶牛，研究日粮中添加亚麻籽油对 CH_4 排放的影响以及亚麻籽油与 *DGAT1* 基因的交互作用，结果表明，亚麻籽油通过降低瘤胃内乙酸比例、乙酸/丙酸比值以及古菌在总菌中的比例，来减少 CH_4 产量[28]。此外，*DGAT1* 基因对 CH_4 的产量和产生通路未产生显著影响，亚麻籽油

减少 CH_4 的排放不依赖于 *DGAT1* 基因。脂类和单宁酸等添加剂可以减少甲烷排放。最近研究表明，脂类能够与单宁酸协同减少甲烷的生成，并且发现单宁对甲烷的减排效率低于莫能菌素[29]。综上所述，脂类抑制 CH_4 减排的主要原因如下：一是脂类使不饱和脂肪酸发生氢化，减少 CH_4 合成的底物 H_2；二是脂类可以直接抑制甲烷菌生长或者通过抑制原虫的生长来间接抑制甲烷菌的生长，从而减少甲烷生成。需要关注的是，日粮中添加脂类会对动物的干物质采食量以及饲料的消化率产生一定程度的负面影响，这是今后生产中需要解决的问题。

（2）调控瘤胃内甲烷生成相关的微生物

原虫占据瘤胃生物的 50% 以上，是瘤胃内主要的产 H_2 微生物。产甲烷菌吸附在原虫表面，可快速利用原虫产生的 H_2 生成 CH_4，那么，驱除瘤胃内的原虫能否有效减少 CH_4 的生成呢？孙凯佳（2015）通过体外培养试验、动物饲养试验和静态箱 CH_4 排放试验系统地研究了米曲霉对肉牛甲烷排放的影响，结果表明，日粮中添加米曲霉可以显著地降低肉牛胃肠道和粪便的 CH_4 产量，其原因是米曲霉降低了瘤胃中原虫和产甲烷菌占瘤胃内总菌的比例。这表明瘤胃原虫的减少，可以减少甲烷的生成[30]。李宗军（2018）基于 META 分析的方法研究了驱除原虫对 CH_4 排放的影响，结果表明，短期驱除原虫（小于 10 周）可以显著地减少 CH_4 的排放，而长期驱除原虫（大于 10 周）结果却与之相反，CH_4 产量反而会上升[31]。有趣的是，短期驱除原虫能够显著提升瘤胃内丙酸的含量，乙酸和丁酸含量显著降低；而长期驱除原虫时，瘤胃内乙酸含量显著升高，丙酸和丁酸含量无显著变化。该研究表明，随着驱除原虫时间的延长 CH_4 的产量呈现先降低再升高的趋势，这与瘤胃内乙酸/丙酸的比值先降低再升高相关。由此可以看出，驱除原虫可以减少甲烷的生成，但长期驱除原虫不利于瘤胃内碳水化合物的代谢对机体的能量供应。

生物技术的快速发展为甲烷的生成调控提供了新的思路。辅酶 F_{420} 是产甲烷菌生成 CH_4 的重要辅酶，CofD 酶是辅酶 F_{420} 生物合成中具有重要作用的酶。周婷（2017）通过基因敲除的方法将反刍兽甲烷短杆菌的 *CofD* 基因进行敲除，结果表明，将 *CofD* 基因进行敲除后降低了 CofD 酶

和辅酶 F_{420} 的表达量以及甲烷短杆菌的繁殖能力,从而降低生成 CH_4 的能力[32]。

随着我国饲料中全面禁抗政策的发布,寻找安全、高效的抗生素替代品亟待研究。饲喂微生物以不会产生药物残留的优势成为科研工作者的研究热点。产乙酸菌是一种厌氧的氢利用菌,在动物体内产乙酸菌通过还原性乙酰辅酶 A 或 Wood-Ljungdahl 通路将 H_2 和 CO_2 还原成为乙酸,然后被动物重新吸收利用,提高了日粮能量的转化效率并减少 CH_4 生成,是 CH_4 减排的一种生物学途径[33]。研究发现,成年反刍动物的瘤胃微生物产生氢气的量远低于新生反刍动物瘤胃微生物组的产量,同时随着日龄的增加,新生动物瘤胃中的产乙酸功能组的丰度也随之降低[34]。这表明产乙酸功能组在低氢的环境下处于劣势,产乙酸菌竞争氢的能力小于产甲烷菌。因此,杨春蕾(2016)研究了在抑制产甲烷菌的基础上添加产乙酸菌对甲烷生成的影响,结果表明单独添加产乙酸菌或者在抑制产 CH_4 的基础上添加产乙酸菌都未能显著地降低 CH_4 的排放,该结果可能与产乙酸菌的来源有一定关系[35]。今后可以通过研究不同来源的产乙酸菌对瘤胃 CH_4 生成的影响,全面研究强化瘤胃乙酸生成途径降低甲烷的可行性;或者通过基因重组的方法对产乙酸菌与氢代谢相关的基因进行改造,提升产乙酸菌的氢利用能力,使其能够与产甲烷菌高效地竞争。

2. 其他措施调控甲烷生成

反刍动物 CH_4 的生成受到其采食量、采食行为、反刍时间、瘤胃代谢和微生物等多种因素的影响[5,36]。研究发现,反刍动物产生甲烷的性状是可以遗传的[37-39]。宿主基因型和瘤胃微生物共同影响反刍动物的甲烷排放,并鉴定到与甲烷生成相关的靶向微生物,这为后续精准调控甲烷生成指明了方向[40-42]。因此,从研究角度来看,对 CH_4 减排的单项措施进行研究是必要的。但从应用角度考虑,想要达到理想的减排效果,必须根据动物和日粮的不同,采用系统集成型的技术措施。研究表明,基因组选育、营养调控和调控瘤胃生态结构等调控 CH_4 的方法,其降低甲烷的最大潜力均不超过 20%;若将上述方法进行集成组合,采用集成型的措施降低 CH_4 的最大潜力可以提高到 30%[24]。李宗军

(2018)以奶山羊为试验动物,利用硝酸酯构建高氢分压模型,同时采用延胡索酸作为氢受体研究二者对瘤胃代谢的影响,结果表明硝烟酯和延胡索酸都可持续地抑制奶山羊 CH_4 的排放[31]。目前,反刍动物 CH_4 减排的研究越来越多,但集成型的研究仍不完全,许多措施在甲烷减排的效果和使用剂量上存在分歧。未来需要将更加合理的研究方法和手段进行集成,以期达到甲烷减排的目的。笔者认为今后仍需深入研究瘤胃微生物之间的交互作用,提升我们对瘤胃微生物功能的认识。因为瘤胃 CH_4 的生成是瘤胃生态系统中各微生物消化纤维过程产生的副产品,是各功能菌群共同作用的结果;另外,CH_4 调控最大的挑战在于瘤胃中的微生物可能会产生抗性,从而使多种 CH_4 调控方法只能起到短暂的作用。所以,只有清楚认知哪些微生物菌群在纤维消化方面具有重要作用且不需要大量的产甲烷菌群的协助,才能够在提升饲料消化率或不影响饲料消化率的情况下减少 CH_4 生成,从而提升反刍动物能量的利用效率。这也是尚不能通过遗传手段来降低 CH_4 减排的问题所在。如果在不清楚瘤胃生态系统中各微生物组的功能的情况下,盲目进行降低 CH_4 排放的选育工作可能会对反刍动物的消化功能产生不利的影响。目前,由于技术和价格原因,关于瘤胃微生物组的功能研究仍处于早期阶段。总之,集成措施不仅仅体现在材料方法的组合上,世界各个国家甲烷调控的相关研究成果也应加以共享,为反刍动物机体的能量代谢和甲烷的减排群策群力。

随着组学技术的发展和应用,今后可以运用基因组学、代谢组学和宏基因组学等组学方法,鉴定出影响甲烷生成和碳水化合物代谢的核心菌群,精确找到调控甲烷生成的宿主基因,为制定安全、高效、可持续的甲烷调控措施奠定基础。

第二节 反刍动物瘤胃粗饲料降解特性的研究进展

奶牛业是高效、节粮并且可持续的畜牧业。我国奶牛产业目前单产水平和规模化水平虽然都有了较大提升,但仍面临着产业素质不均衡的落后现实。提升饲料的转化效率,节约饲料成本是提升我国乳业竞争力的有效途径[43]。植物纤维素是自然界中最为丰富的可再生资源,但人类对纤维的利用率较低[44,45]。反刍动物具有功能强大的瘤胃,瘤胃内栖息着大量的微生物如细菌、真菌、原虫和古菌等[25]。正是由于这些微生物的存在,反刍动物能够利用人类不能消化利用的纤维类物质生产高品质的肉和奶。因此,通过调控瘤胃微生物对纤维素的降解能力,提高动物的生产性能是畜牧业生产者所追求的目标。本节主要综述纤维在瘤胃中的降解途径、评价方法及其调控措施,以期为植物纤维的高效利用奠定理论基础。

一、结构性碳水化合物的构成特征

粗饲料中木质纤维素的结构差异直接影响其在反刍动物瘤胃中的降解特征。细胞壁是粗饲料最难降解的部分,由纤维素、半纤维和木质素构成。纤维素是由β-1,4糖苷键连接葡萄糖而形成的葡萄糖聚合体,是植物细胞壁中最为常见的成分[31]。纤维素能够被内切葡聚糖酶和外切葡聚糖酶等多种纤维素酶水解。半纤维素是由葡萄糖、木糖、阿拉伯糖和半乳糖等不同类型的单糖通过糖苷键聚合而成的异质多聚体[45]。木聚糖是构成半纤维素的主要成分,占植物细胞壁的30%~35%[46]。纤维素和半纤维素结构具有明显的异质性,即不同植物或同种植物不同部位的细胞壁的纤维素和半纤维素结构存在较大差异[45,47]。此外,与纤维素相比,半纤维素的结构更加随机和无定形,更容易被反刍动物所消化,故其被视为是反刍动物的一个重要的营养来源[46]。木质素是由香豆醇、松柏醇、芥子醇和羟基松伯醇等四种醇类单体聚合而成的复杂酚类化合物,属于酸性洗涤纤维。木质素会影响反刍动物的适口性和饲料的瘤胃降解率,从而抑制反刍动物对粗饲料的利用效率[48]。研究发现,木质素能够被特定的微生物和酶(木质素修饰酶)所降解,其中真菌的降解能力优于细菌[49,50]。

二、瘤胃粗饲料降解的评价方法

饲料营养价值评定是指对饲料中的营养物质含量进行测定并评价这

些营养物质能够被动物消化吸收利用的效果。饲料营养价值评定是研究动物营养的基础性工作，主要包括营养价值评定和营养性评价两个方面。由于饲料营养价值的评定直接关系到饲料营养价值成分表的绘制，因此所选择的研究方法必须客观准确。目前，反刍动物上评价瘤胃饲料降解的方法主要有体外法（in vitro）、半体内法（in situ）和体内法（in vivo）3种。

（一）体外法

体外法是将待评定的饲料放置于特定的培养液中，通过调控培养条件来模拟饲料在瘤胃内降解过程的方法。依据体外培养液的不同，体外法可以被划分为瘤胃液法、酶解法和粪液法，其中瘤胃液体外法是目前较为常用的体外评价方法[51]。体外产气法又叫人工瘤胃液法，属于瘤胃液法中的一种，但由于该方法采用的人工培养液是以瘤胃液为底物重新接种配制的，因此，体外产气法与全瘤胃液法有所区别。体外产气法由于能够较好地估测饲料的瘤胃降解率、评价饲料添加剂的调控效果以及评定发酵过程中微生物区系的变化和功能，因此，体外产气法是目前普遍采用的研究方法[52]。Menke等（1988）研究指出可以采用体外产气法评估饲料的瘤胃降解率[53]。毛胜勇等（2010）利用体外产气法来评价延胡索酸二钠对瘤胃甲烷生成的影响[54]。体外评价方法的优点在于成本低、操作简单、易于标准化且可用于大批饲料样本的测定。但体外法是体外模拟培养的试验技术，其测定结果与消化道的真实结果存在一定差距。有学者研究发现，体外产气法和尼龙袋法在测定饲料的瘤胃降解率方面存在一定的相关性，但体外产气法的饲料降解率和降解程度较低[55]。因此，体外培养法虽然可以评价瘤胃的发酵特性和微生物的功能，但并不能直接代表饲料的降解程度。

（二）半体内法

半体内法又名原位尼龙袋法（In situ nylon bag technique，ISNBT），是目前国内外使用最为广泛的评价饲料在瘤胃内降解率的方法。尼龙袋法是将待评定的饲料按照要求粉碎后装入固定大小的尼龙袋中，在固定的时间点通过瘤胃瘘管放置和取出尼龙袋，然后通过分析尼龙袋中的饲料残渣来计算饲料的降解率。与体外法相比，尼龙袋法更接近动物的真实消化情况，能够更为准确地反映饲料在瘤胃内的降解情况。此外，该方法也具备操作简单、试验周期短且重复性好等优点。但该种方法也存在一些限制性因素，例如，尼龙袋规格（大小和孔径）、待测饲料的制备方法（粉碎粒度）、尼龙袋的投放制度（饲喂前投放或饲喂后投放、同时投放分批取出或分批投放同时取出），以及动物的饲养管理情况（动物个体差异、日粮营养水平）等因素都会影响尼龙袋法的准确性[56]。因此，可以通过制定尼龙袋方法的操作规程或标准进一步提高尼龙袋方法的准确性和不同研究结果的可对比性。

（三）体内法

体内法又称为活体法，该方法需要在动物体不同的消化道部位安装瘘管，结合外源的标记物，通过计算动物采食的养分与食糜中未降解的饲料残渣的营养物质的差值来测定饲料降解率。与体外法和半体内法相比，该方法最接近动物机体真实的生理状态，所以，体内法测定的结果更为准确，是前两种方法的参考标准。但由于体内法技术复杂（需要双瘘管动物）、所需测定费用高、并且动物个体自身差异较大往往会导致试验结果重复性差，因而不适合大批量样品的测定，从而限制了该方法的推广[57]。

三、瘤胃纤维降解的微生物机制

（一）瘤胃降解纤维的相关微生物

反刍动物的瘤胃内栖息着数以亿计的微生物如细菌、真菌、原虫、古菌以及噬菌体等[25]。不同微生物间存在着复杂的竞争与共生关系，微生物与宿主之间同样存在着错综复杂的关系。正是由于宿主和微生物的共同作用，反刍动物才能够对植物饲料等纤维类物质进行正常的消化降解。

瘤胃内的细菌、真菌、原虫和古菌等都能直接或间接地参与纤维的降解过程。细菌是瘤胃中主要的定植微生物，在植物饲料的发酵、降解和消化过程中起着重要作用。瘤胃微生物对饲料的黏附是瘤胃发酵消化饲料的关键步骤[58]。在纤维降解过程中，*F. succinogenes*、*R. ablus* 和

R. flavefaciens 等 3 种细菌是瘤胃中丰度最高并且分解能力较强的细菌[59]。厌氧真菌是另外一类降解纤维的微生物，其广泛存在于草食动物的胃肠道和粪便中。研究发现，如果将山羊瘤胃中的厌氧真菌进行去除，瘤胃中纤维素酶的活性和稻草的降解率都显著下降[60]。原虫同细菌和真菌一样，在纤维降解的过程中同样发挥着重要作用。原虫降解纤维的途径主要包括两个方面：一是物理作用即直接将细胞壁裂解成碎片进行吞噬消化；二是通过分泌能够分解纤维素和半纤维素的酶类来分解植物饲料。科研工作者采用宏基因组学技术研究表明纤毛虫也具有纤维降解的基因家族[61]，由此可以看出，原虫或许也可直接降解纤维素。产甲烷菌也能够参与纤维的降解过程。前人研究发现，与纯厌氧真菌的发酵特性相比，厌氧真菌和产甲烷菌共培养物提高了羧甲基纤维素酶和木聚糖酶的活性，增强了纤维的降解能力[62]。此外，也有研究表明，微生物间的氢传递也会对纤维的降解造成影响[63]。

（二）瘤胃微生物降解纤维的过程

粗饲料在瘤胃中的降解是一个连续、动态、复杂的过程，是宿主和微生物共同作用的结果。首先，微生物对粗饲料进行附着、粘连和穿透，然后微生物通过分泌各种酶类对粗饲料碎片进行降解，最终转化成为可以供微生物利用的物质。微生物对粗饲料的附着优先黏附的是粗饲料的切面（断面），这是因为切面暴露在微生物中间更易于附着。另外，由于秸秆的髓腔无蜡质层和硅质层便于微生物的附着，因此，通常情况下瘤胃微生物对粗饲料的降解是"由髓及表"的进行[52]。徐俊（2014）研究发现，秸秆的薄壁组织在发酵的前 24 h 基本完全消失，厚壁组织在 48 h 才部分发生降解，而降解率在 48~72 h 未发生明显变化[64]，这表明粗饲料在瘤胃内的降解存在先后顺序。饲料进入反刍动物的瘤胃后，微生物会迅速黏附到饲料上，并且微生物对饲料的黏附过程是一个动态的变化过程。有学者通过研究瘤胃微生物对黑麦草的黏附过程发现，将黑麦草放置在瘤胃内 5 min 后，已有大量的微生物附着在黑麦草上[65]。Liu 等（2016）研究发现，稻秸和苜蓿在瘤胃中停留 6 h 附着在两种粗饲料上的微生物区系发生了显著转变[66]。Cheng 等（2017）通过研究粗饲料降解过程中附着在粗饲料上的紧密连接微生物和松散连接微生物的动态变化发现,紧密连接微生物在纤维降解过程中具有更大贡献,尤其对于 6 h 以后的粗饲料降解,但由于所使用测序技术的限制,大多数的微生物未能进行分类[67]。由此可以看出,瘤胃微生物对饲料颗粒的附着对于饲料的发酵、降解和消化至关重要。但是,饲料的理化性质能否影响瘤胃微生物定植的影响呢。基于这个假设,有学者比较分析了微生物对不同种类粗饲料的黏附情况,结果表明,纤维降解菌的丰度在中性洗涤纤维(NDF)含量最高的牧草上有显著的提高,而瘤胃球菌倾向于黏附含低酸性洗涤木质素含量的牧草。此外,研究还发现木质纤维素组合物,尤其是纤维素成分,显著影响微生物对草料的附着,从而影响粗饲料的最终消化[68]。这表明不同的粗饲料在瘤胃中的降解过程中附着的微生物会存在一定的差异。

上述研究结果表明,瘤胃微生物对粗饲料的降解过程是一个动态变化的过程。采用 16S 测序的方法,虽然可以探索粗饲料上附着的菌群结构的动态变化,但是在黏附微生物的功能方面不能够全面解析。有研究表明,宏基因组学的方法是对整个生物群落的遗传物质进行研究,可以得到微生物的多样性和功能信息,能够在功能上对 16S rRNA 基因的结果进行补充完善[69,70]。因此,采用多组学相结合的方法能更好地研究粗饲料降解过程中微生物菌群结构和功能的动态变化,并对微生物的功能进行分析,可以为粗饲料的高效利用奠定理论基础。

(三) 影响瘤胃微生物降解粗饲料的因素

瘤胃内微生物降解植物饲料的过程受到动物类型、饲料类型以及微生物等诸多因素的影响。从宿主和饲料互作的角度讲,饲料的 DM 降解率与饲料的总采食量和饲料的可利用程度间表现为显著的正相关关系[52]。当反刍动物日粮中精饲料比例过高时,会导致瘤胃 pH 值降低,从而抑制瘤胃微生物对纤维的降解能力[46]。此外,饲料自身的生理特点也会影响粗饲料的降解。田雨佳(2011)通过比较分析不同地区、不同茬次以及不同物候期的苜蓿干草饲料在奶牛瘤胃内的降解率发现,不同茬次、不同物候期及其互作均能够影响苜蓿干草在瘤胃中的降解率[71]。植物纤维由纤维素、半纤维素、木质素以及果胶等构成,其结构非常复杂。木质素极难降解,是影响瘤胃微生物利用植物纤维的限制因素，这是因为在瘤胃这种厌氧的生态环境下，微生物缺乏利用木质素的消化酶，从而导致木质素的降解效率低[50]。植物资源表面的蜡质层也是限制微生物降解的一个重要因素。研究表明，碳水化合物的降解速率受到底物接触面积的限制，蜡质层阻碍了微生物与饲料的接触，从而限制纤维的降解[72]。从微生物层面讲，微生物浸入植物的速率在纤维降解的过程中也扮演着重要角色。瘤胃内主要的纤维降解菌的运动性不高，这些微生物主要依靠瘤胃液的流动进行被动扩散[46]。部分植物在瘤胃中的降解是"由髓及表"进行的，前人研究发现，厚壁组织因能够抑制微生物到植物内腔的浸入，从而减缓纤维的降解速率[73]。此外，微生物之间的互作同样能够影响纤维的降解。研究发现，与纯厌氧真菌的发酵特性相比，厌氧真菌和产甲烷菌共培养物可以提高羧甲基纤维素酶和木聚糖酶活性，从而增强纤维的降解能力[62]。

四、纤维高效降解的调控方法

优质牧草的短缺是影响我国奶牛业发展的一个重要的限制性因素。我国具有丰富的农副产物资源，具有很大的利用潜力。但农作物秸秆的消化性和可利用性较差，如果能够提高农副产物的利用率不仅能够减少对生态环境带来的负面效应，而且能为动物提供更多的能量来源。科研工作者围绕粗饲料的高效利用，在粗饲料加工方式（化学方法、物理方法）、外源添加剂调控（微生物调控、酶制剂）[74]以及作物遗传选育[75]研究等方面进行了大量的试验探索，一定程度上提升了粗饲料的利用效率。

王平（2016）通过大量试验研究发现，采用物理、化学和酶解联合的处理方式可以提高玉米秸秆的代谢能值，并经过肉鸡饲养试验表明，经过处理的秸秆可以替代部分谷类饲料并且经济可行[76]。Zhao 等（2018）通过蒸汽爆破的方法处理玉米秸秆，提高了奶牛瘤胃微生物对秸秆的黏附，从而提高了纤维素和半纤维素的瘤胃降解率[77]。随着科学技术的发展，许多研究者开始通过补饲或通过瘘管添加外源的菌株来提高瘤胃的纤维降解能力，但由于瘤胃生态环境的高度竞争性和适应性，导致外源的菌种很难在瘤胃中定植生长[78]。因此，这种方法或许在补饲期间有效果,但并不能长时间维持。有学者希望通过将野牛瘤胃内容物移植到肉牛瘤胃中的方式来改善肉牛的消化能力,但结果表明,肉牛的 DM 和 NDF 的消化率并没有显著提升[79]。在奶牛上,Weimer 等(2017)通过交换高产奶牛和低产奶牛的几乎所有的瘤胃内容物的方式来提高低产牛的产奶性能,结果表明,瘤胃的 pH 值和 VFA 等发酵参数很快回到了交换前的状态,而瘤胃微生物也在 10 d 之内恢复到了先前状态[80]。这表明,微生物受到宿主的调控,因此通过外源的微生物菌群来提高饲料的瘤胃降解率存在一定的局限性。杨斌(2017)研究指出,在羔羊出生后 10 d 补饲苜蓿能够减少断奶应激,改善羔羊对高纤维日粮的适应性[81]。这表明幼龄期是瘤胃最可塑的阶段,在幼龄期尤其是断奶前期进行瘤胃功能的调节或许是提高粗饲料高效利用的窗口期,这为粗饲料的高效利用提供了新思路。谢骁(2018)研究发现,通过低质粗饲料的干预能够影响瘤胃环境以及微生物在粗饲料上的定植,进而提升了粗饲料的瘤胃降解率[46]。这表明日粮调控的方式能够调控反刍动物瘤胃菌群结构,提高动物的生产性能。有研究表明,日粮组成对瘤胃微生物的调控作用远大于宿主本身的遗传背景和外界环境,改变日粮的组成或营养水平是改变微生物最快且有效的方法[46]。瘤胃功能的调节作用机制还需要进一步深入研究,通过整合目前的技术措施形成一套能有效提高纤维降解的技术体系势在必行。

第三节 植物多酚在动物生产上的应用

一、植物多酚概述

植物多酚是一类广泛存在于植物体内的具有酚醛基的次级代谢物。多酚包含的范围较广,从简单结构的酚醛树脂(柔花酸和没食子酸)到二聚或低聚物(原花青素)甚至是高分子的聚合物(单宁酸)[82]。多酚可以归为类黄酮或非类黄酮两大类,其中类黄酮较为常见。科研工作者围绕多酚的应用开展了大量科学研究,发现了多酚在植物上的生物学特性、在人类上的抗氧化和促进健康的作用以及对动物营养和生产性能的调控作用[83,84]。本节主要综述多酚类物质在动物上的应用研究进展，为多酚在畜牧业生产上的合理应用提供参考。

二、植物多酚对反刍动物营养利用和生产性能的影响

日粮中多酚的含量会影响动物的自由采食量。与中、低剂量的单宁酸组相比，高剂量单宁酸显著降低了动物的采食量并抑制动物生长性能的发挥[85]。这可能是由于单宁酸的味道较为苦涩，从而降低了动物日粮的适口性[83]。有研究表明，在产奶羊的日粮中单宁酸的实际添加剂量推荐为20~40g/（头·d）[86,87]。

日粮中多酚的含量和类型会影响动物VFA的生成。通过比较不同类型的缩合单宁和水解单宁对瘘管绵羊瘤胃代谢的影响发现，缩合单宁能显著降低绵羊瘤胃内VFA浓度，主要是降低乙酸浓度[88]。在体外研究中，缩合单宁对VFA生成的影响同动物体内的研究结果相一致。有研究表明，缩合单宁能够减少VFA总生成量，这可能与乙酸浓度的减少有关；在某些情况下，缩合单宁能够增加丙酸的生成量。然而也有研究表明，日粮中添加板栗单宁后，瘤胃内总VFA和乙酸的含量增加，*B. fibrisolvens* 相对丰度增加。相反，日粮中添加白坚木单宁却导致总VFA和乙酸含量下降[86]。值得注意的是，在非单宁酸多酚的情况下，在体外和体内实验中，对总VFA和乙酸的生成影响为零，或者偶尔为负面影响[89]。

在产奶量方面，无论单宁酸的类型如何，绝大多数的试验研究表明单宁酸对奶牛和奶羊的产奶量均无显著影响[86,90]。张培军（2017）比较分析了不同剂量茶多酚对奶牛产奶量动态变化的影响，结果表明茶多酚的添加对奶牛产奶量无显著影响[91]。此外，也有研究表明，动物采食富含单宁酸的植物对产奶量和乳中尿素氮的含量均有积极影响[92]。这些差异结果可能与动物种类、多酚的异质性和使用剂量有关。有文献报道，日粮中单宁酸的含量低于动物总干物质采食量的1%~2%不会对动物造成不利影响[89]。

三、植物多酚的抗氧化作用

需氧细胞在代谢过程中会产生一系列的活性氧簇，例如，超氧离子

（O^{2-}）、过氧化氢（H_2O_2）和羟自由基等，当机体活性氧生成量与抗氧化能力失衡时，即导致氧化应激[93]。植物多酚作为植物源的天然物质具有良好的抗氧化活性。酚羟基是单宁类物质的主要活性基团，其本身具有很强的还原性，因此，单宁类物质具有很强的抗氧化能力。魏晨等（2019）综述报告指出，单宁具有抗氧化活性且含的酚羟基集团越多，其抗氧化能力越强[94]。绿原酸也是一种含有酚羟基的天然抗氧化剂。绿原酸抗氧化性能的发挥是通过形成稳定的半醌式自由基，进而阻断自由基的链式反应进行的，同时也能够还原Fe^{3+}和清除活性氧和自由基发挥抗氧化性能[95,96]。赵磊（2017）研究发现，茶多酚主要是通过调节 MAPK 通路中 ERK1/2 和 p38 的表达来促进 Nrf2 介导的 HO-1 的表达，来缓解 H_2O_2 对乳腺上皮细胞造成的氧化损伤。综上所述，多酚类物质发生抗氧化作用的机理包括如下几个方面：提高抗氧化酶的活性，抑制脂质过氧化，与其他营养物质协同作用清除自由基，以及通过螯合金属离子来减少氧化应激[97]。

四、植物多酚调节糖脂代谢的作用

动物机体内存在不同形式的脂类，脂类不仅能够为动物机体提供能量，还具有保护机体及其内脏的作用。糖脂代谢与机体的健康紧密相关，若糖脂代谢发生紊乱会造成机体发生糖尿病等代谢性疾病[98,99]。绿原酸调控糖代谢的途径主要有如下几个方面：①调控糖代谢途径中相关酶的活性和相关激素的分泌；②通过抑制糖基化最终产物的形成；③通过激活 AMP 依赖的蛋白激酶（AMPK），提高葡萄糖转运蛋白的转移（GLUT-4），从而调控葡萄糖的转运[100,101]。茶多酚能够抑制胰脂肪酶的活性，减少机体对甘油三酯的吸收（TG），此外，茶多酚也能够调控过氧化物增殖物激活受体 α（PPARα）和低密度脂蛋白受体（LDLr）基因的表达影响脂质代谢[98]。

五、植物多酚对反刍动物瘤胃微生物菌群的影响

瘤胃微生物主要包括细菌、真菌、原虫和古菌等几大类，这些微生物能够对动物采食的饲料进行发酵和降解，为宿主的生长、繁殖和泌乳

等提供大量的营养物质。瘤胃内的微生物通过发酵合成 VFA、MCP 和维生素等营养物质与宿主建立联系，从而协助动物机体完成多种生理活动[102]。因此，研究植物多酚对瘤胃微生物的影响，有助于实现植物多酚在动物上的精准应用。

单宁酸能够改变细胞膜的通透性，因此，单宁酸可能会对瘤胃微生物有抑制作用[85]。此外，单宁酸还可以抑制瘤胃微生物的酶活性[103]。多酚对微生物的抑制作用与多酚的种类、使用剂量以及微生物的种类相关。体外试验研究表明，原花青素对 Clostridium aminophilum、B. fibrisolvens、Clostridium proteoclasticum 有抑制作用，但可以促进 Ruminococcus albus 和 Peptostreptococcus anaerobius 的生长[104]。缩合单宁对半纤维素酶、葡聚糖内切酶和蛋白水解酶以及 F. succinogenes、B. fibrisolvens 和 Ruminobacter amylophilus 有直接的抑制作用[103,105]。有趣的是，由于 P. ruminicola 能够产生胞外保护物质，因此，P. ruminicola 能够抵消单宁酸对它的抑制作用[103]。有学者通过研究瘤胃微生物对缩合单宁和水解单宁的响应情况发现，一些革兰氏阳性菌如 F. succinogenes、R. albus、R. flavefaciens 和 B. proteoclasticus 比革兰氏阴性菌 Selenomonas ruminantium 和 P. bryantii 更易受到缩合单宁的影响，该试验结果表明革兰氏阴性菌比革兰氏阳性菌受缩合单宁的影响小[88]。新一代分子技术为研究多酚对瘤胃微生物区系的影响打开了一扇窗。基于宏基因组学研究发现，给小母牛补充多酚（主要是类黄酮）和香精油的混合物，提高了瘤胃内 Bacteroidetes、Firmicutes 和 Tenericutes 的相对丰度，降低了 Proteobacteria、Verrucomicrobia 和 Actinobacteria 的丰度[106]。

（一）植物多酚对纤维降解相关微生物菌群的影响

纤维的降解至少需要以下几个步骤：微生物向植物基质迁移、微生物对植物细胞壁进行非特异性黏附、微生物与基质进行特异性黏附以及微生物在基质上的增殖[107]。单宁酸能够抑制纤维的降解，但具体机制尚不清晰[108]。有研究表明，单宁可能通过阻止微生物对植物细胞壁的附着[109]，也有研究表明单宁酸通过抑制微生物降解酶的活性或者是改变瘤胃微生物的功能来抑制纤维的降解[103]。因此，有必要进一步深入了解多酚类物质影响粗饲料降解的具体机制。

纤维的消化和瘤胃甲烷的产生之间存在着相关联系。纤维分解细菌能够在甲烷的生成过程中起作用，这是因为纤维分解菌可以参与瘤胃内H_2的产生（瘤胃球菌、真杆菌）或消耗（拟杆菌的成员）[14]。此外，瘤胃内乙酸的生成与H_2的增加有关，因为乙酸的生成为甲烷的产生提供了更多的底物H_2[6]。

（二）植物多酚对甲烷生成相关微生物菌群的影响

单宁可以减少甲烷的排放。单宁可以直接抑制产甲烷菌的生长，从而减少甲烷的排放[110]。一项荟萃分析（数据包含体内体外30个试验共171个处理）明确指出，无论采用何种方式，单宁的添加均能减少甲烷的生成，并且体外试验能够预测体内试验的甲烷产量[111]。然而，除了研究单宁对产甲烷菌的直接影响外，还需要评估单宁对瘤胃微生物群落的总体影响。由于产甲烷菌和原虫之间的关系，单宁可以减少瘤胃内原虫的数量，这一定程度上解释了单宁减少甲烷生成的原因。另有研究发现，原虫从A型纤毛虫群落向B型群落的转变或许也与甲烷产量的减少有关[112]。黄酮类化合物也可以减少甲烷的生成，这主要是通过减少氢的生成和对产甲烷菌的抑制作用间接或直接地减少瘤胃甲烷的生成[113,114]。值得注意的是，有研究表明采用单宁饲喂动物时，其能够通过减少纤维的消化来降低瘤胃甲烷的产生[115]，这一观点通常仅适用于缩合单宁。而对于水解单宁来说，其可以通过抑制产甲烷菌和产氢微生物的生长和活性直接影响甲烷排放[116]。遗憾的是，关于日粮多酚（单宁和非单宁）对甲烷产生以及瘤胃整体微生物组成的影响的试验研究仍然较为缺乏。

瘤胃内的微生物种类数以亿计、功能强大，其参与或影响动物机体生理功能和表型的机理逐渐被大家所认知。上述研究中涵盖了瘤胃微生物和纤维降解与甲烷生成之间的联系，这些研究有助于我们认识和了解瘤胃微生物降解纤维和调控甲烷生成的机理。但我们也应该意识到，瘤胃微生物的研究还远远不够。对于微生物生态系统的研究，非培养方法（如16s rRNA高通量测序技术）有助于我们探索新型功能基因和未被培养的瘤胃微生物。宏基因组学和宏转录组学等组学方法为瘤胃微生物多样性和功能的研究带来了新的机遇。此外，代谢组学和蛋白质组学有助于我们加深对微生物及其代谢产物之间相互作用的认知。将来,瘤胃微生物功能的研究需要从描述性向机制性进行转变,从而揭示微生物与特定日粮成分(如多酚)之间可能存在的相互作用。

第四节 研究的总体思路和研究内容

一、研究的目的和意义

抗生素长期以来被用于疾病预防、疾病治疗和促进生长[117]。随着众多国家对饲料中抗生素使用政策的调整,植物多酚在畜牧业生产中的应用越来越受到关注。为提高反刍家畜的健康和生产力,近年来,研究人员开始更仔细地研究多酚在反刍动物营养中的应用。研究发现多酚类物质具有促进反刍动物生长和维持健康的生物学活性[118],但目前人们对多酚类物质的研究还不够充分,部分机理仍停留在推测层面,尚不明确。需要更多的研究来揭示多酚类物质对反刍动物瘤胃健康以及代谢功能的影响及其调控机制。

反刍动物甲烷的生成不仅会降低日粮能量的转化效率,而且会导致温室效应。发展低碳畜牧业既能实现畜牧业的可持续发展,同时又能保护生态环境。反刍动物产生的 CH_4 约85%来自瘤胃发酵,瘤胃内 CH_4 的生成主要是产甲烷菌转化的结果,产甲烷菌能够将 CO_2 和 H_2、甲醇、甲酸等物质转化生成 CH_4[6]。此外,有研究发现,瘤胃内原虫与产甲烷菌间存在着密切的共生与间氢转移关系,因此,瘤胃原虫数量和群落结构的改变会导致瘤胃产甲烷菌的数量和结构发生改变,从而影响瘤胃甲烷的生成[119]。多酚类物质可以减少甲烷排放[89],但不同来源的多酚及多酚不同添加剂量对甲烷的生成影响程度如何,需要进一步研究。多酚类物质对瘤胃内产甲烷菌、原虫等与甲烷生成相关的微生物的调控机制尚不清晰。因此,研究茶多酚调控甲烷生成和瘤胃微生物菌群的机制,有助于反刍动物能量利用效率的提升。

反刍动物饲料的瘤胃降解率直接关系到饲料本身的营养利用价值[52]。反刍动物瘤胃内的微生物能够将人类无法利用的粗饲料发酵成为动物机体能够利用的挥发性脂肪酸。通过调控瘤胃微生物改善粗饲料的降解能力，提高动物的生产性能是畜牧业生产者所追求的目标。研究表明，细菌是瘤胃内主要的定植微生物，其在粗饲料的降解和消化过程中起着重要的作用[67]。细菌对粗饲料的黏附是瘤胃消化粗饲料的关键步骤。多酚类物质能够影响瘤胃微生物对纤维的降解[108]，但茶多酚如何影响瘤胃微生物对植物纤维的附着和降解过程，其具体机制尚不清晰。因此，探明茶多酚影响细菌对粗饲料黏附的具体机制，有助于提升粗饲料的利用效率。Cheng 等（2017）研究发现，与松散连接微生物相比，紧密连接微生物在纤维降解过程中具有更大贡献，但由于所使用测序技术的限制，大多数的紧密连接微生物未能进行分类[67]。16S rRNA 基因测序的方法虽然可以研究粗饲料上附着微生物的群落结构的动态变化，但不能够全面解析其功能。研究表明，宏基因组学的方法可以对整个微生物群落的遗传物质进行研究，能够得到微生物的多样性和功能信息，可以在功能上对 16S rRNA 基因测序结果进行补充[69,70]。因此，本研究拟采用 16S rRNA 基因测序和宏基因组学相结合的方法研究茶多酚影响瘤胃微生物对粗饲料的附着和降解机制。

反刍动物的瘤胃是其进行营养物质消化、吸收的重要器官。瘤胃微生物通过对动物采食的饲料进行发酵，生成 VFA 和 MCP 等营养物质，为宿主的生长、繁殖和泌乳提供营养物质从而协助动物机体完成多种生理活动[25,102]。瘤胃上皮在营养物质的吸收和转运方面具有重要作用[120]。目前，关于茶多酚如何影响瘤胃微生物与宿主关系的研究鲜有报道。

因此，本书通过体外、半体内和动物试验，运用 16S 高通量测序、宏基因组学、蛋白质组学技术多维度解析茶多酚—瘤胃菌群—宿主三者之间的内在联系，为奶牛生产上合理利用茶多酚提供理论依据。

二、研究的主要内容

研究的主要内容如下：

（1）比较不同来源多酚对甲烷生成和饲料降解率的影响：通过体外培养法，比较绿原酸、单宁酸、茶多酚和褐藻多酚对甲烷生成和饲料降解率的影响效果，拟筛选出一种既能降低甲烷生成又能改善饲料降解率的多酚；然后运用高通量测序技术研究多酚对瘤胃细菌、原虫和产甲烷菌等微生物的影响，解析茶多酚调控甲烷生成的微生物机制。

（2）茶多酚对奶牛瘤胃粗饲料降解和微生物黏附规律的影响：通过尼龙袋降解试验，研究茶多酚对粗饲料瘤胃动态降解率和微生物黏附规律的影响。采用扫描电镜的方法观察不同降解时间点瘤胃微生物对粗饲料的黏附情况，运用 16S rRNA 基因高通量测序和宏基因组学技术解析粗饲料在瘤胃降解过程中粗饲料上黏附瘤胃微生物的群落结构和功能变化的情况。旨在找出茶多酚影响纤维降解的关键微生物，为粗饲料的高效利用奠定基础。

（3）茶多酚对奶牛瘤胃微生物和宿主互作的影响：本试验采用离子色谱仪、16S rRNA 基因高通量测序和 iTRAQ 蛋白质组学技术通过测定奶牛的血液生化指标、抗氧化指标、瘤胃发酵参数和菌群结构以及瘤胃上皮细胞的转运情况来系统分析茶多酚—瘤胃菌群—宿主三者之间的内在关系。

三、研究的技术路线

研究技术路线如图 1-1 所示。

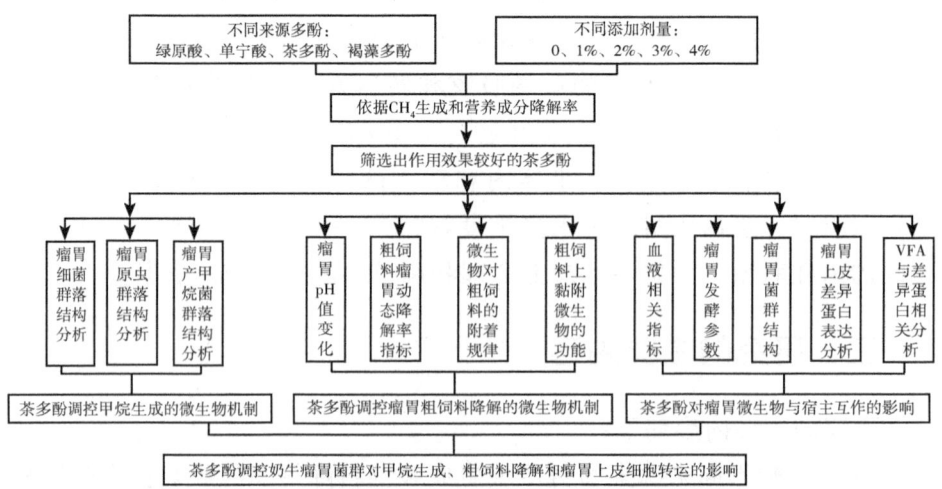

图 1-1 研究技术路线

第二章 茶多酚对奶牛瘤胃体外甲烷生成的影响及其调控机制

反刍动物实际生产中会产生 CH_4，CH_4 是温室气体的主要来源之一[1,2]。反刍动物产生的 CH_4 是畜牧业源 CH_4 排放的主要来源，约占整个畜牧业源 CH_4 排放总量的 89%[121]。反刍动物以 CH_4 形式损失的能量占总摄入能的 8%~14%，降低了反刍动物饲料的转化效率[3]。因此，调控反刍动物 CH_4 的生成不仅能够提高饲料的利用效率，还有助于实现畜牧业低碳、可持续的发展。

瘤胃内栖息着大量微生物如细菌、真菌、原虫以及产甲烷菌等[6]。反刍动物产生的 CH_4 约 85% 来自瘤胃发酵，瘤胃内 CH_4 的生成主要是产甲烷菌转化的结果，其能够将 CO_2 和 H_2、甲醇、甲酸等物质转化生成 CH_4[6]。反刍动物 CH_4 的生成受到动物品种、日粮组成和瘤胃菌群结构等多种因素的影响[5]。此外，瘤胃内原虫与产甲烷菌间存在着密切的共生与种间氢转移关系，因此，瘤胃原虫数量和群落结构的改变会导致瘤胃产甲烷菌的数量和结构发生改变，从而影响瘤胃甲烷的生成[119]。瘤胃内的细菌同样与产甲烷菌之间存在着种间氢转移和底物供需的关系，这表明，瘤胃微生物的群落构成及微生物彼此之间的相互关系对于瘤胃内环境的稳定、饲料的消化利用率以及甲烷的生成具有重要作用。因而，如何通过调控瘤胃微生物菌群来减少瘤胃 CH_4 的生成，最大化地将饲料能量供给机体是科研工作者面临的挑战[4]。

科研工作者近年来一直致力于采用天然的植物提取物替代抗生素来调控瘤胃菌群和降低甲烷排放。研究发现，单宁可以减少甲烷的排放，这是由于单宁可以直接抑制产甲烷菌，从而减少甲烷的排放[110]。一项荟萃分析（数据包含体内体外 30 个试验共 171 个处理）明确指出，无论采用何种方式,单宁的添加均能减少甲烷的生成,并且体外试验能够预测体内试验的甲烷产量[111]。有研究发现,多酚对瘤胃微生物的抑制作用与多酚的种类、使用剂量以及微生物的种类相关,并且多酚的使用剂量和不同来源的特异性效应仍有待阐明[118]。因此,需要进一步研究不同来源的多酚调控甲烷生成的作用机理,为反刍动物上合理应用多酚降低甲烷排放提供参考。

基于以上思考,本试验通过体外培养法比较绿原酸、单宁酸、茶多酚和褐藻多酚对甲烷生成和饲料降解率的影响效果,拟筛选出一种既能降低甲烷生成又能改善饲料降解率的多酚;然后借助高通量测序技术研究多酚对瘤胃内细菌、原虫和产甲烷菌等微生物的影响,明确多酚调控奶牛瘤胃发酵和甲烷生成的微生物机制。

第一节 不同多酚对奶牛瘤胃体外营养物质降解和甲烷生成的影响

一、材料与方法

(一) 试验材料

本试验选取花生秧作为试验材料,花生秧取自河南农业大学畜牧试验站。花生秧自然风干后采用锤片式粉碎机进行粉碎,过 0.5 mm 筛,装于样品袋中室温保存备用。

本试验所选用多酚的基本信息如下:绿原酸(上海源叶生物科技有限公司,98%)、单宁酸(西亚试剂,98%)、茶多酚(西亚试剂,GR级)和褐藻多酚(山东洁晶集团赠予)。

(二) 试验设计

本试验采用体外发酵培养的方法研究不同多酚对瘤胃发酵和甲烷生成的影响。体外培养的体系为 150 mL,其中瘤胃液和缓冲液按 1:2 的比例进行添加,人工唾液配方如表 2-1 所示。准确称取 2 g 的花生秧粉作为发酵底物。选取 4 种来源不同的多酚:绿原酸、单宁酸、绿茶多酚和褐藻多酚,每种多酚的添加水平依据文献报道设置为发酵底物干物质(DM)重量的:0、1%、2%、3%和4%。试验采用单因素试验设计,每个处理设置5个重复,每批次发酵时设置5个空白用以校正产气量和甲烷产量(空白组仅加入人工瘤胃缓冲液,不添加底物和多酚)。体外培养时间为24 h,停止发酵后,测定发酵瓶内气体体积、甲烷产量以及瘤胃发酵等指标。

表 2-1 人工唾液构成

类别	构成及用量	
微量元素溶液(A)	$CaCl_2 \cdot 2H_2O$:13.2 g $MnCl_2 \cdot 4H_2O$:10.0 g $CoCl_2 \cdot 6H_2O$:1.0 g $FeCl_3 \cdot 6H_2O$:8.0 g 用蒸馏水溶解定容至 100 mL	
缓冲液(B)	$NaHCO_3$:35.0 g NH_4HCO_3:4.0 g 用蒸馏水溶解定容至 1 000 mL,现用现配	
常量元素溶液(C)	$Na_2HPO_4 \cdot 12H_2O$:9.45 g KH_2PO_4:6.2 g $MgSO_4 \cdot 7H_2O$:0.6 g 用蒸馏水溶解定容至 1 000 mL	
刃天青溶液(D)	刃天青 100 mg 用蒸馏水溶解定容至 100 mL	
还原剂溶液(E)	1 mol/L 的 NaOH 溶液 2.0 mL $Na_2S \cdot 9H_2O$ 336 mg 加入 47.5 mL 蒸馏水即可 在培养的当天配置	NaOH:0.160 g $Na_2S \cdot 9H_2O$:0.625 g 用蒸馏水溶解定容至 100 mL。先配制 NaOH 溶液,再配制 E 液

(三)人工唾液构成

人工唾液参考 Menke and Steingass 的方法进行配制[53],人工唾液共包括五部分,具体组成如表 2-1 所示。试验当天,按照表 2-2 所示的比例进行人工唾液的配制,将配制好的人工唾液放置于恒温水浴锅中 39℃水浴,并持续通入 CO_2,直到溶液由淡蓝色转为无色,即刻使用。

表 2-2 人工唾液配比

类别	体积（mL）
微量元素溶液（A）	0.12
缓冲液（B）	237.00
常量元素溶液（C）	237.00
刃天青溶液（D）	1.22
还原液（E）	49.50
蒸馏水	474.00

（四）瘤胃液的供体动物及采集

试验所用瘤胃液取自河南农业大学畜牧试验站 3 头装有永久性瘤胃瘘管的荷斯坦奶牛，在试验当天晨饲前 2 h 从 3 头瘘管牛瘤胃内的不同位置采集瘤胃液，将采集的瘤胃液立即装入充满 CO_2 的保温饭盒中（提前预热至 39℃）并迅速带回实验室。瘤胃液使用前，在厌氧箱中经 4 层纱布过滤到烧杯中，将过滤后的瘤胃液置于 39℃ 恒温水浴锅中保存并持续通入 CO_2 保证其处于厌氧环境。

（五）瘤胃液的接种

按照试验设计，提前 1 d 将准确称量的花生秧粉装入标识好的培养瓶中，并将其放置于 39℃ 恒温培养箱内，第 2 天试验开始前预热 30～60 min。然后将瘤胃液与人工瘤胃缓冲溶液按体积比 1∶2 混合均匀后，准确量取 150 mL 混合液加入每个培养瓶中（操作过程中需通入 CO_2，以保证厌氧环境），然后立即用压盖钳将胶塞和铝盖压紧并用封口膜封住，保证厌氧环境。将各个培养瓶在 39℃ 恒温培养箱内中进行体外发酵 24 h，其间每隔 2 h 晃动一下培养瓶。

（六）测定指标和方法

1. 总产气量测定

在每批次开始培养的第 24 小时终止发酵。用精密压力表（陕西美控电子科技有限公司，西安，中国）测定培养瓶的气体压力，并按照以下公式计算每个试验组的总产气量（GP）：

$$GP = P \times (V - 150) / (101.3 \times W)$$

式中，GP 为培养瓶中实际产气量（mL）；P 为压力表的实际压力值（kPa）；V 为发酵瓶的体积（mL）；W 为发酵底物的质量（g）。

2. 甲烷产量测定

采用集气袋（大连光明化学工业气体质量监测中心有限公司，大连，中国）收集气体，并用气相色谱仪进行 CH_4 含量的测定。具体测定步骤参考孙凯佳（2015）提供的方法进行[30]。

3. 瘤胃发酵状态指标测定

pH 值测定，打开瓶盖后，用尼龙袋将发酵液过滤到烧杯中，用 pH 计（testo，Schwarzwald，Germany）立即测定发酵液的 pH 值；然后将发酵液分装到 5 个 2 mL 冻存管中，-80℃保存，用于 VFA 和微生物的检测。氨态氮（NH_3-N）的测定参考 Weatherburn（1967）的方法进行[122]。

4. 常规营养成分指标的测定

尼龙袋过滤出的残渣为发酵后的饲料样品，65℃烘干后，参照 AOAC（2000）的方法测定粗饲料中 DM 的含量[123]，参照 Van Soest 等（1991）的方法测定粗饲料中 NDF 和 ADF 的含量[124]。待测营养成分的降解率的计算公式如下：

被测定成分的降解率（%）=（降解前底物的质量×被测成分的含量-降解后残渣的质量×被测成分的含量）/（降解前底物的质量×被测成分的含量）×100

（七）数据分析

首先对瘤胃发酵指标和常规养分降解指标的数据进行整理，然后采用 SPSS 18（IBM，New York，United States）软件中的单因素方差分析模块进行分析，采用 Duncan 法进行多重比较，试验结果以平均数和标准误表示。以 $P<0.05$ 为显著性差异判断标准。

二、试验结果

（一）多酚对奶牛瘤胃体外甲烷生成的影响

多酚对奶牛体外发酵和甲烷生成的影响结果如表 2-3 所示。由表 2-3 可知，与对照组相比，添加不同水平的茶多酚均能够显著降低产气量（GP）和 CH_4 产量（$P<0.05$），当茶多酚添加水平为4%时显著降低 NH_3-N 的含量（$P<0.05$）。添加单宁酸水平为1%时显著降低了 CH_4 产量（$P<0.05$），而当单宁酸添加量为4%时 GP 和 CH_4 产量显著提高（$P<0.05$）。褐藻多酚添加水平为4%时显著降低 NH_3-N 的含量（$P<0.05$）。绿原酸添加水平为2%~4%时显著提高 GP 产量（$P<0.05$），添加水平为2%时提高了 CH_4 产量（$P<0.05$），当绿原酸添加水平为3%和4%时显著降低 CH_4 的浓度（$P<0.05$）。各多酚处理组均对瘤胃 pH 值产生显著影响，但 pH 值的波动均在正常范围内。

表2-3 多酚对体外发酵pH值、NH_3-N、产气量和甲烷生成的影响

酚化合物	指标	A (0)	B (1%)	C (2%)	D (3%)	E (4%)	SEM	P 值
茶多酚	产气量 GP_{24}（mL）	161.04^a	138.58^c	142.19^{bc}	143.21^{bc}	145.91^b	2.94	<0.001
	甲烷产量 CH_4（mL）	2.27^a	1.68^c	1.86^b	1.960^b	1.97^b	0.08	<0.001
	甲烷浓度 CH_4/GP_{24}（%）	1.41^a	1.21^c	1.31^b	1.37^{ab}	1.35^{ab}	0.04	0.010
	pH 值	6.85^{ab}	6.87^a	6.85^{ab}	6.82^b	6.83^b	0.02	0.033
	氨态氮 NH_3-N（mmol/L）	21.66^{ab}	23.65^a	24.46^a	23.43^a	17.10^b	2.83	0.120
单宁酸	产气量 GP_{24}（mL）	134.46^{bc}	127.49^c	134.70^{bc}	142.37^b	147.68^a	3.98	0.001
	甲烷产量 CH_4（mL）	1.90^{bc}	1.71^d	1.80^{cd}	2.03^a	2.05^a	0.07	<0.001
	甲烷浓度 CH_4/GP_{24}（%）	1.41^a	1.34^b	1.34^b	1.43^a	1.39^{ab}	0.03	0.010
	pH 值	6.83^c	6.87^{ab}	6.90^a	6.85^{bc}	6.89^a	0.02	0.003
	氨态氮 NH_3-N（mmol/L）	18.57	18.50	18.50	19.97	16.96	1.35	0.337
褐藻多酚	产气量 GP_{24}（mL）	141.68^{ab}	140.77^{ab}	147.04^a	136.04^b	147.88^a	3.33	0.090
	甲烷产量 CH_4（mL）	1.85	1.94	2.05	2.09	2.12	0.12	0.155
	甲烷浓度 CH_4/GP_{24}（%）	1.31^b	1.38^b	1.40^{ab}	1.53^a	1.43^{ab}	0.08	0.045
	pH 值	6.85^{ab}	6.87^a	6.87^a	6.83^b	6.89^a	0.02	0.033
	氨态氮 NH_3-N（mmol/L）	18.57^{ab}	22.47^a	14.46^{bc}	13.79^{bc}	13.21^c	2.23	0.004
绿原酸	产气量 GP_{24}（mL）	134.02^c	130.98^c	146.41^b	139.97^c	147.16^a	1.57	<0.001
	甲烷产量 CH_4（mL）	1.79^{bc}	1.74^c	1.94^a	1.72^c	1.85^b	0.04	<0.001
	甲烷浓度 CH_4/GP_{24}（%）	1.34^a	1.33^a	1.33^a	1.23^b	1.26^b	0.02	<0.001
	pH 值	6.84^c	6.87^b	6.90^a	6.84^c	6.81^c	0.01	<0.001
	氨态氮 NH_3-N（mmol/L）	14.90^{abc}	11.81^c	13.13^{bc}	15.41^{ab}	17.99^a	1.40	0.006

注：同行字母不同表示差异显著（$P<0.05$）；含相同字母表示差异不显著（$P>0.05$）。

(二) 多酚对奶牛瘤胃体外营养物质降解率的影响

由表2-4可知，添加不同剂量的茶多酚均能够显著提高DM和NDF的降解率（$P<0.05$）。单宁酸添加水平为4%时，显著降低DM的降解率（$P<0.05$），其他添加水平的单宁酸对DM、NDF和ADF降解率未产生显著影响（$P>0.05$）。添加褐藻多酚和绿原酸对DM、NDF和ADF降解率未产生显著影响（$P>0.05$）。

表2-4 多酚对体外发酵DM、NDF和ADF降解率的影响   单位:%

酚化合物	指标	A (0)	B (1%)	C (2%)	D (3%)	E (4%)	SEM	P值
茶多酚	干物质（DM）	47.09[b]	50.67[a]	51.36[a]	51.62[a]	51.18[a]	0.84	<0.001
	中性洗涤纤维（NDF）	20.98[b]	24.49[a]	23.59[a]	24.54[a]	23.69[a]	0.97	0.013
	酸性洗涤纤维（ADF）	20.45[b]	22.58[ab]	23.66[a]	24.26[a]	22.26[ab]	0.96	0.013
单宁酸	干物质（DM）	50.47[a]	49.5[ab]	48.68[ab]	49.50[ab]	46.62[b]	1.29	0.083
	中性洗涤纤维（NDF）	23.99	22.64	22.50	24.24	21.47	1.35	0.271
	酸性洗涤纤维（ADF）	23.74	21.67	21.98	23.27	21.14	1.31	0.279
褐藻多酚	干物质（DM）	50.49	50.35	50.34	51.02	50.45	0.15	0.976
	中性洗涤纤维（NDF）	24.17	25.29	24.89	23.25	25.18	1.01	0.282
	酸性洗涤纤维（ADF）	23.59	23.63	22.17	20.74	22.02	1.54	0.336
绿原酸	干物质（DM）	50.54[ab]	50.18[b]	50.95[ab]	51.07[ab]	51.30[a]	0.46	0.157
	中性洗涤纤维（NDF）	23.59	22.71	22.00	24.31	23.00	2.11	0.843
	酸性洗涤纤维（ADF）	21.93	22.13	21.68	23.80	22.14	2.17	0.873

注：同上表。

三、讨论

(一) 多酚对奶牛瘤胃体外发酵和甲烷生成的影响

瘤胃是反刍动物的主要消化器官，其与反刍动物养分的消化吸收紧密相关。通常评价饲料或添加剂在反刍动物上的应用效果，主要是研究其对瘤胃发酵状态的影响。反刍动物体型大、个体差异大、价格也比较昂贵，这在一定程度上增加了试验研究的难度。国内外科研工作者一直在研究能够替代活体动物进行瘤胃消化代谢试验的方法。体外评价方法以成本低、操作简单、易于标准化且可用于大批饲料样本测定的优点，常被用于饲料或添加剂的初步评价[125]。荟萃分析研究表明体外试验能够预测体内试验的甲烷产量[111]。因此，本试验采用体外培养的方法研究多酚对瘤胃体外发酵和甲烷生成的影响。

瘤胃内的气体主要是瘤胃微生物降解营养物质产生的，主要由CH_4、CO_2、H_2以及低级的脂肪酸组成[126]。研究表明，单宁的添加均能减少CH_4的生成[111]。魏晨（2017）也研究发现没食子酸和单宁均能够抑制CH_4的生成[127]。本试验研究表明，添加茶多酚能够降低GP和CH_4产量，1%添加水平的单宁酸也显著降低CH_4产量，3%和4%添加水平的绿原酸也显著降低CH_4的浓度。另外研究发现，不同来源的多酚对甲烷生成的影响程度不一，并且降低甲烷生成的添加剂量也存在差异，这可能与多酚的分子结构或者是相对分子量有关。魏欢等（2018）通过比较单宁酸、对羟基苯甲酸、鞣花酸、丁香酸和芦丁等5种酚类化合物对瘤胃体外甲烷生成的影响，发现不同种类的多酚化合物对甲烷影响程度不一，这进一步证实不同来源的多酚对甲烷生成的影响程度存在差异[128]。NH_3-N是瘤胃消化代谢蛋白类有机物产生的中间产物，其水平能够反映瘤胃微生物降解饲料蛋白生成NH_3-N和利用NH_3-N合成微生物蛋白的平衡情况。本研究发现茶多酚和褐藻多酚添加量为4%时均显著降低NH_3-N的含量。魏欢等（2018）同样研究发现添加一定剂量的酚酸能够降低NH_3-N的含量，这与本研究结果相吻合。另外，Min等（2005）研究发现，百脉根单宁能够减缓瘤胃微生物对蛋白质的降解速度，并且能够抑制蛋白降解菌的生长，这或许是酚类物质能够降低NH_3-N的根本原因[129]。

（二）多酚对奶牛瘤胃体外营养物质降解率的影响

DM降解率受饲料自身营养成分、加工处理方式以及是否使用添加剂等诸多因素的影响。NDF降解率也是表示粗饲料营养价值的关键指标，NDF和ADF降解率能够反映粗饲料在瘤胃中降解的难易程度。本试验研究发现添加不同剂量的茶多酚能够显著提高DM和NDF的降解率，添加4%的单宁酸显著降低DM的降解率。而与对照组相比，褐藻多酚和绿原酸对体外发酵 DM、NDF 和 ADF 降解率未产生显著影响。杨凯（2017）研究发现在肉牛日粮中添加 26g/kg 单宁酸能够降低 DM 和有机物的表观消化率[130]。单宁酸之所以能够抑制纤维的降解，其可能是通过阻止微生物对植物细胞壁的附着[109]、抑制微生物降解酶活性或是改变瘤胃微生物的功能来抑制纤维的降解[103]。但也有学者研究表明，在瘤胃液中添加黄酮类的酚类化合物可以提高碳水化合物水解酶的活性，进而提高纤维的降解率[131]。上述研究结果表明，多酚的来源不同对瘤胃营养物质的消化率的影响也不同。因此，关于多酚类物质是如何影响粗饲料降解的具体机制仍需要进一步深入研究。

四、小结

在本试验条件下，添加一定水平的多酚可以影响瘤胃发酵状态和甲烷生成，但影响效果因多酚的来源和添加水平不同而存在差异。综合分析这 4 种多酚对甲烷生成和饲料降解率的影响效果发现，茶多酚添加水平为 1% 时减少甲烷的程度较高，并且提升了饲料营养物质的降解率，因此，选择茶多酚 1% 添加水平进行后续的试验研究。

第二节　茶多酚对奶牛瘤胃体外发酵 VFA 生成和微生物区系的影响

一、材料与方法

（一）试验设计

同第二章第一节。

（二）样品采集

结合第二章第一节的试验结果，发现 1% 茶多酚组甲烷减排效果显著并且促进了营养物质的降解。故本节采用高通量测序技术对对照组（CK）和 1% 茶多酚组（TP）的瘤胃液进行测序，研究茶多酚调控奶牛瘤胃发酵和甲烷生成的微生物学机制。

(三) 试验方法

1. 瘤胃挥发性脂肪酸的测定方法

利用德国 Sykam 离子色谱仪测定瘤胃液样品中 VFA 的含量，具体测定步骤如下：首先 4℃ 条件下解冻瘤胃液样品，4 000 r/min 离心 10 min。在 1.5 mL 离心管内准确加入 1 mL 的离心上清液和 0.2 mL 的偏磷酸溶液（浓度为 25%），旋涡振荡充分混匀，在 4℃ 环境中静置 30 min 以上。再 10 000 r/min 离心 10 min，准确量取 10 μL 的离心上清液于 1.5 mL 离心管中，并进行 100 倍稀释，然后用孔径为 0.22 μm 的微孔滤膜过滤后，上机进行检测。离子色谱仪的检测条件为：分离柱为 Dionex AS11-HC（4 × 250 mm；Thermo Fisher Scientific，Waltham，MA，United States）；柱温为 30℃；流速为 1.6 mL/min；样品进样量为 50 μL。使用由两种不同浓度的洗脱剂组成的溶剂系统进行色谱的分离：0.5 mmol/L 的 NaOH 溶液保持 25 min，然后 50 mmol/L 的 NaOH 溶液保持 5 min，最后 0.5 mmol/L 的 NaOH 溶液保持 10 min。最后利用标准曲线法计算被测样品中乙酸、丙酸和丁酸的含量。

2. 瘤胃细菌多样性的测定方法

（1）DNA 抽提和质量检测

采用 PowerSoil® DNA Isolation kit（Mo Bio Laboratories，United States）试剂盒进行微生物群落总 DNA 抽提，总 DNA 的提取质量用 1% 的琼脂糖凝胶电泳检测，使用 NanoDrop2000 测定 DNA 的浓度和纯度。

（2）PCR 扩增

使用带有 Barcode 的 16S 全长特异性引物 27F（5′-AGRGTTTGATYNTGGCTCAG-3′）和 1492R（5′-TASGGHTACCTTGTTASGACTT-3′）对 16S rRNA 基因进行 PCR 扩增，扩增程序如下：95℃ 预变性 5 min，30 个循环（95℃ 变性 30 s，50℃ 退火 30 s，72℃ 延伸 90 s），然后 72℃ 稳定延伸 7 min，最后在 4℃ 进行保存（PCR 仪：ABI GeneAmp® 9700 型）。PCR 反应体系为：2×KOD FX Neo 缓冲液 10 μL，2 mmol/L dNTPs 4 μL，上游引物（10 μmol/L）1 μL，下游引物（10 μmol/L）1 μL，KOD FX Neo DNA 聚合酶 0.4 μL，模板 DNA 10 ng，补充 ddH$_2$O 至 20 μL。

(3) 构建文库和上机测序

对扩增产物进行纯化、定量和均一化形成测序文库（SMRT Bell），建好的文库先进行文库质检，质检合格的文库用 PacBio Sequel 进行测序。

(4) 数据预处理

将 PacBio 下机数据导出为 CCS 文件（CCS 序列使用 Pacbio 提供的 SMRT Link 工具获取）后，主要有如下 3 个步骤：①CCS 识别：使用 lima V1.7.0 软件，通过 barcode 对 CCS 进行识别，得到 Barcode-CCS 序列数据；②CCS 长度过滤：使用百迈客公司自主研发的软件，对 Barcode-CCS 进行过滤，得到有效序列；③去除嵌合体：使用 UCHIME V4.2 软件[132]，鉴定并去除嵌合体序列，得到 Optimization-CCS 序列。

3. 瘤胃产甲烷菌多样性的测定方法

采用 E.Z.N.A.® soil DNA kit（Omega Bio-tek, Norcross, GA, United States）试剂盒进行微生物总 DNA 的抽提。总 DNA 的提取质量、浓度和纯度的检测同 2 部分。产甲烷菌多样性使用引物的引物为 MLfF（5′-GGTGGTGTMGGATTCACACARTAYGCWACAGC-3′）和 MLfR（5′-TTCATTGCRTAGTTWGGRTAGTT-3′）进行 PCR 扩增，扩增程序如下：95℃预变性 3 min，27 个循环（95℃变性 30 s，55℃退火 30 s，72℃延伸 30 s），然后 72℃稳定延伸 10 min，最后在 4℃进行保存。PCR 反应体系为：5×TransStart FastPfu 缓冲液 4 μL，2.5 mmol/L dNTPs 2 μL，上游引物（5 μmol/L）0.8 μL，下游引物（5 μmol/L）0.8 μL，TransStart FastPfu DNA 聚合酶 0.4 μL，模板 DNA 10 ng，补足至 20 μL。每个样本 3 个重复。

(1) Illumina Miseq 测序

使用 NEXTFLEX® Rapid DNA-Seq Kit 进行建库。质检合格的文库利用 Illumina 公司的 Miseq PE300 平台进行测序。

(2) 数据处理

使用 Trimmomatic 软件对原始测序序列进行质控，使用 FLASH 软件[133]（V1.2.7, http://ccb.jhu.edu/software/FLASH/）根据 PE reads 之间的 overlap 关系进行拼接。使用 UPARSE 软件[134]（Version 7.1 http://drive5.com/uparse/),以97%的相似度为阈值对序列进行OTU聚类并剔除嵌合体。利用RDP classifier (http://rdp.cme.msu.edu/) 对每条序列进行物种分类注释,比对nt数据库,设置比对阈值为70%。

4. 瘤胃原虫多样性的测定方法

具体操作步骤同3。原虫多样性所使用引物为RP841F (5′-GAC-TAGGGATTGGARTGG-3′) 和Reg1320R (5′-AATTGCAAAGATCTATC-CC-3′)。

二、试验结果

(一) 茶多酚对奶牛瘤胃体外发酵VFA生成的影响

茶多酚对奶牛瘤胃体外发酵VFA生成的影响结果如表2-5所示。由表2-5可知,茶多酚对乙酸、丙酸和丁酸的含量未产生显著影响($P>0.05$),但显著降低了乙酸/丙酸的比值($P<0.05$)。

表2-5 茶多酚对体外发酵VFA的影响　　　　　　单位:mmol/L

项目	对照组(CK)	茶多酚组(TP)	SEM	P值
乙酸	61.77	61.36	1.76	0.819
丙酸	15.72	17.32	0.85	0.096
乙酸/丙酸	3.95	3.52	0.14	0.036
丁酸	7.69	8.30	0.72	0.426

(二) 茶多酚对奶牛瘤胃体外发酵细菌多样性的影响

1. 细菌原始序列及优化序列信息

通过PacBio三代微生物测序平台进行细菌多样性测序分析,本试验10个瘤胃液样品共得到75 661个CCS序列,经过优化筛选后平均产生7 566条CCS序列,有效率占94.36%,平均序列长度为1 451.4 bp(表2-6)。

第二章 茶多酚对奶牛瘤胃体外甲烷生成的影响及其调控机制

表2-6 细菌原始序列质量评估结果

Amplified Region	Raw CCS	Clean CCS	Effective-CCS	Effective(%)	Average Length（bp）
16S全长	75 661	71 365	71 401	94.36	1 451.4

注：Amplified Region 代表扩增区域；Raw CCS 代表样本识别序列数；Clean CCS 代表去除引物和长度过滤后的序列数；Effective-CCS 代表去除嵌合体后用于进行后续分析的序列数；Effective（%）代表 Effective-CCS 占 Raw-CCS 的比例；Average Length 代表样品平均序列长度。

2. 茶多酚对奶牛瘤胃体外发酵细菌多样性的影响分析

瘤胃细菌 alpha 多样性和 beta 多样性分析。图 2-1 和图 2-2 分别展示的是茶多酚对瘤胃细菌 alpha 多样性和 beta 多样性的影响结果。从图

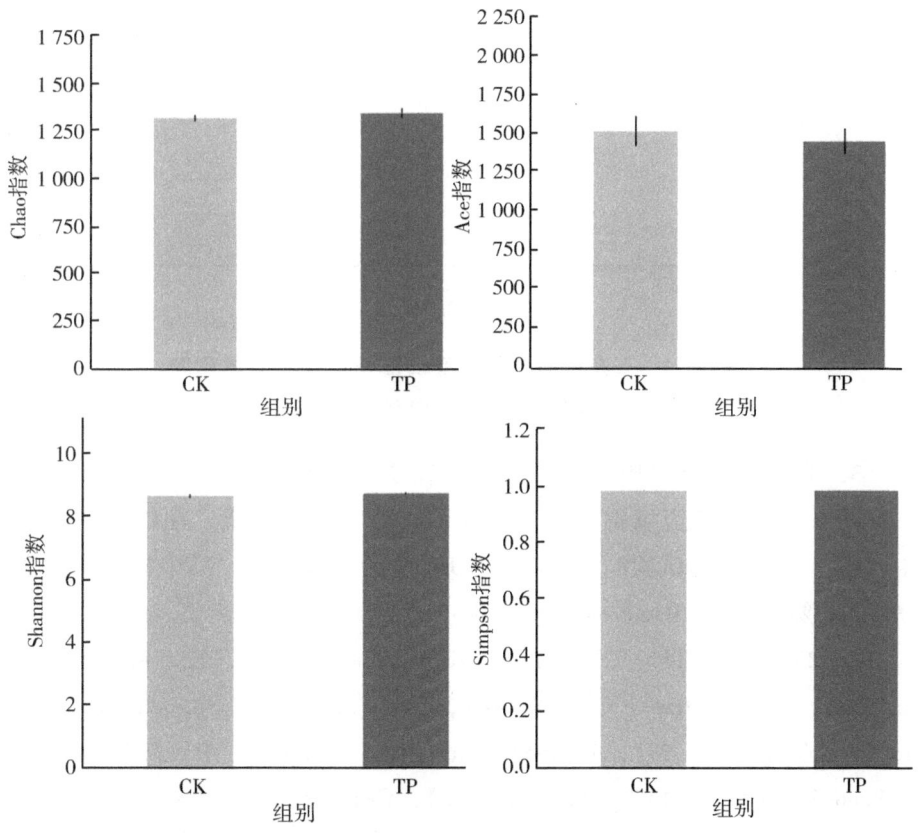

图 2-1 茶多酚对体外发酵细菌 alpha 多样性的影响

注：CK 代表对照组；TP 代表茶多酚组。

2-1可以看出,茶多酚对瘤胃细菌的 Chao1、Ace、Shannon 和 Simpson 等 alpha 多样性指数无显著影响($P>0.05$)。从图 2-2 可以看出,对照组和茶多酚组的样品发生明显分离,这表明瘤胃微生物菌群结构受到茶多酚的影响。

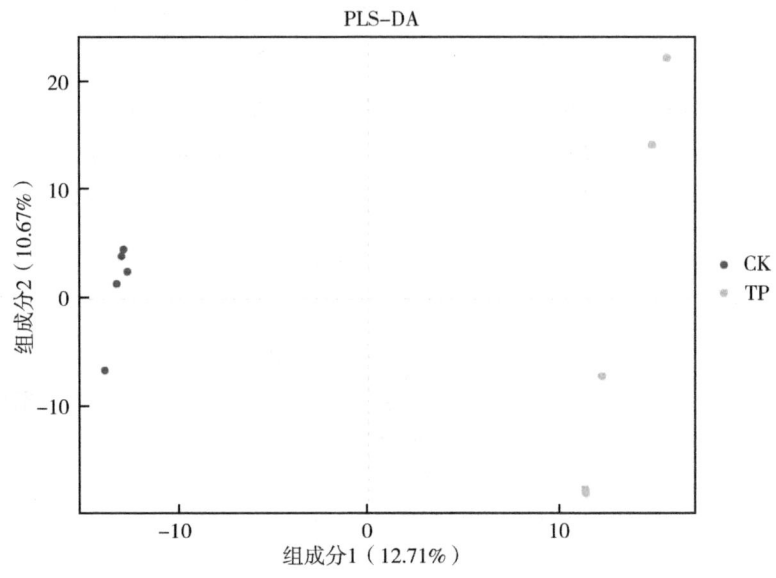

图 2-2　茶多酚对体外发酵细菌 beta 多样性的影响

注:CK 代表对照组;TP 代表茶多酚组。

3. 茶多酚对奶牛瘤胃体外发酵细菌群落结构和物种丰度的影响分析

图 2-3 所示的为瘤胃内细菌组成和相对丰度的结果。在门分类学水平上(图 2-3A),本试验瘤胃液中共发现 18 个细菌物种,其中相对丰度大于 1% 的主要菌门有 Bacteroidetes(CK:45.56%,TP:45.39%),Firmicutes(CK:25.50%,TP:27.16%),Kiritimatiellaeota(CK:8.35%,TP:6.79%),Tenericutes(CK:4.96%,TP:5.11%),Spirochaetes(CK:4.19%,TP:5.13%),Lentisphaerae(CK:2.80%,TP:2.19%),Proteobacteria(CK:2.44%,TP:2.32%),Cyanobacteria(CK:2.03%,TP:1.76%),Fibrobacteres(CK:0.95%,TP:2.13%)。在属分类学水平上(图 2-3B),本研究瘤胃液中共鉴定到 170 个细菌属,其中相对丰度大于 1% 的主要菌属有 *Prevotella_1*(CK:18.23%,TP:17.20%),*Rikenellaceae_*

第二章 茶多酚对奶牛瘤胃体外甲烷生成的影响及其调控机制

RC9_gut_group（CK：14.56%，TP：14.39%），*uncultured_bacterium_o_WCHB1-41*（CK：7.90%，TP：6.36%），*uncultured_bacterium_f_F082*（CK：7.07%，TP：7.56%），*Succiniclasticum*（CK：6.89%，TP：4.09%），*Anaeroplasma*（CK：3.34%，TP：3.25%），*Christensenellaceae_R-7_group*（CK：2.58%，TP：2.54%），*uncultured_bacterium_c_MVP-15*（CK：1.62%，TP：2.29%），*uncultured_bacterium_o_Gastranaerophilales*（CK：2.03%，TP：1.76%），*Treponema_2*（CK：11.63%，TP：1.76%），*Prevotellaceae_UCG-003*（CK：1.81%，TP：1.56%），*Erysipelotrichaceae_UCG-004*（CK：1.48%，TP：1.72%），*Fibrobacter*（CK：0.92%，TP：2.11%），*uncultured_bacterium_o_Mollicutes_RF39*（CK：1.33%，TP：1.48%），*Lachnospiraceae_NK4A136_group*（CK：0.95%，TP：1.77%），*Lachnospira*（CK：0.97%，TP：1.73%），*Ruminococcaceae_UCG-010*（CK：1.19%，TP：1.39%），*uncultured_bacterium_f_vadinBE97*（CK：1.14%，TP：1.11%）。

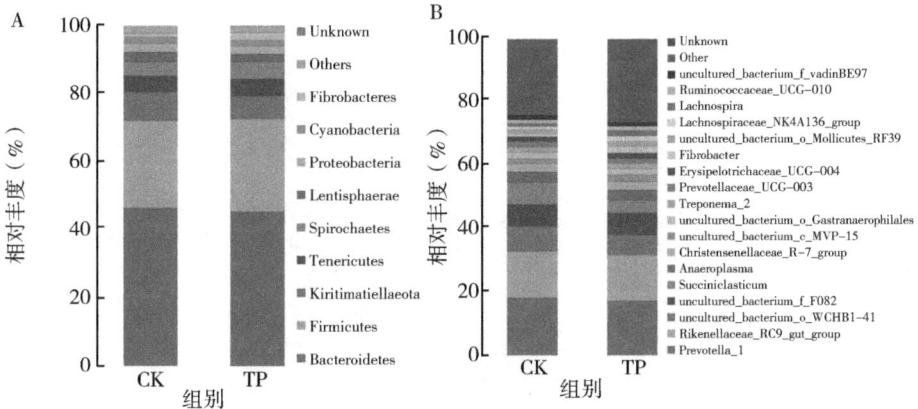

图 2-3 茶多酚对体外发酵细菌组成的影响（见文末彩图）

注：A 代表门水平；B 代表属水平。CK 代表对照组；TP 代表茶多酚组。

LEfSe 分析（http://huttenhower.sph.harvard.edu/lefse/）是对组间的差异物种进行分析，该分析旨在找到不同组间在丰度上存在显著差异的物种。本试验利用 LEfSe 分析筛选出对照组和茶多酚组瘤胃液中具有显著差异的微生物如图 2-4 所示。与对照组相比，茶多酚组瘤胃液样本中 *p_Fibrobacteres* 和 *g_Fibrobacter* 等与纤维降解相关的微生物显著富集。

茶多酚调控奶牛低碳养殖的关键路径

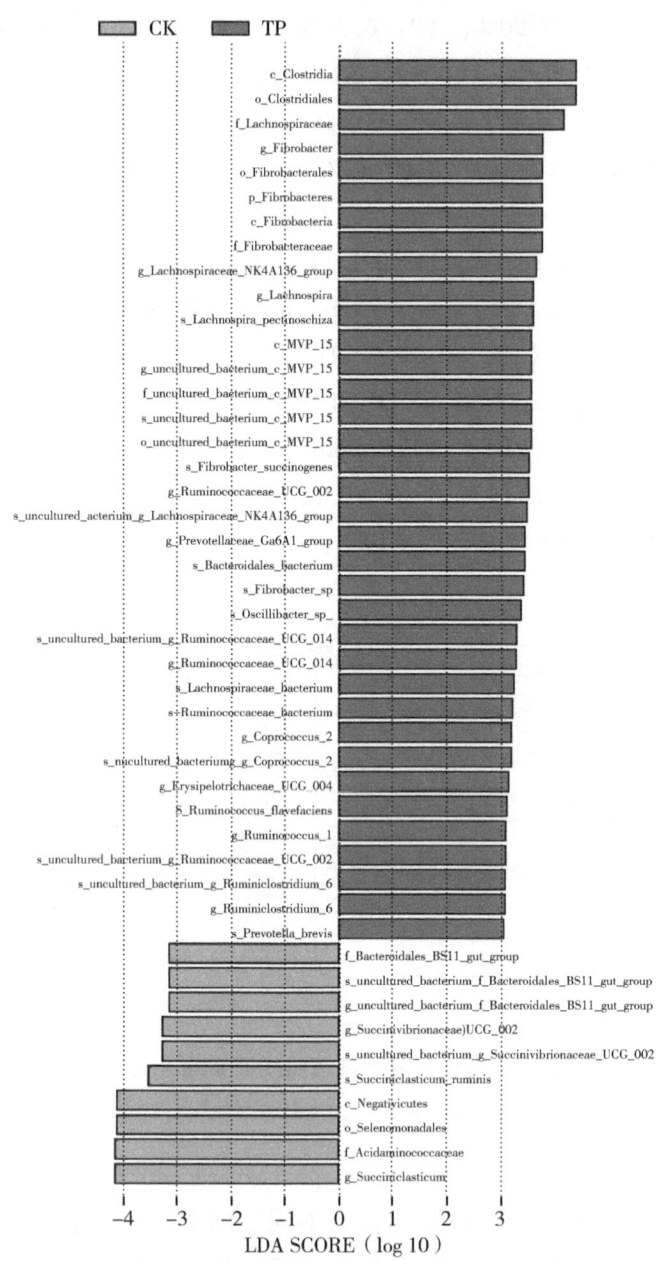

图 2-4 LEfSe 多级物种差异判别分析结果

注：CK 代表对照组；TP 代表茶多酚组。

第二章 茶多酚对奶牛瘤胃体外甲烷生成的影响及其调控机制

4. 瘤胃发酵参数、饲料降解率与瘤胃细菌之间的相关关系

图 2-5 为瘤胃细菌菌属与瘤胃发酵参数、饲料降解率的 RDA 分析。pH、CH_4、CH_4/GP、乙酸、丙酸、丁酸等瘤胃发酵参数和 DM、NDF、ADF 等营养物质降解率可以作为瘤胃细菌的环境解释变量。图中环境因子箭头的长短表示该环境因子对物种的影响程度。从图 2-5 中可以看出这 9 个环境因子对微生物的影响程度依次为丁酸>乙酸>丙酸>CH_4/GP>CH_4>NDF>DM>pH>ADF。

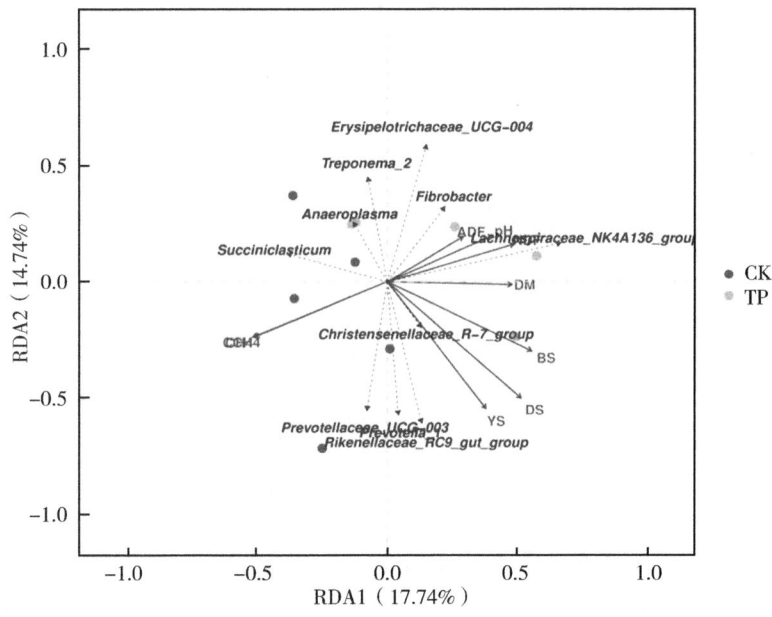

图 2-5 瘤胃细菌属和环境因子的冗余分析

注：CCH_4 代表甲烷浓度；YS 代表乙酸；BS 代表丙酸；DS 代表丁酸。CK 代表对照组，TP 代表茶多酚组。

环境因子与瘤胃不同属微生物的相对丰度之间的 Spearman 相关性分析结果表明（图 2-6），*Sphaerochaeta* 与 CH_4 浓度呈现负相关，*Lachnospira* 和 *Fibrobacter* 与 CH_4 产量和 CH_4 浓度均呈负相关，而与 DM、NDF 和 ADF 降解率呈现正相关。*uncultured_bacterium_c_MVP-15* 与 CH_4 浓度均呈负相关，而与 DM、NDF 和 ADF 降解率呈现正相关。*Ruminococcaceae_UCG-002* 与 CH_4 浓度呈负相关，而与 NDF 的降解率呈现正相关。*Pseudobutyrivibrio* 与乙酸、

丙酸和丁酸浓度均呈正相关。*Rikenellaceae_RC9_gut_group* 与丁酸浓度均呈正相关，而 *uncultured_bacterium_f_vadinBE97* 与丁酸浓度均呈正相关。*Sphaerochaeta* 和 *Treponema_2* 与 pH 呈正相关，*uncultured_bacterium_o_Gastranaerophilales* 与 pH 和丙酸浓度呈现负相关。

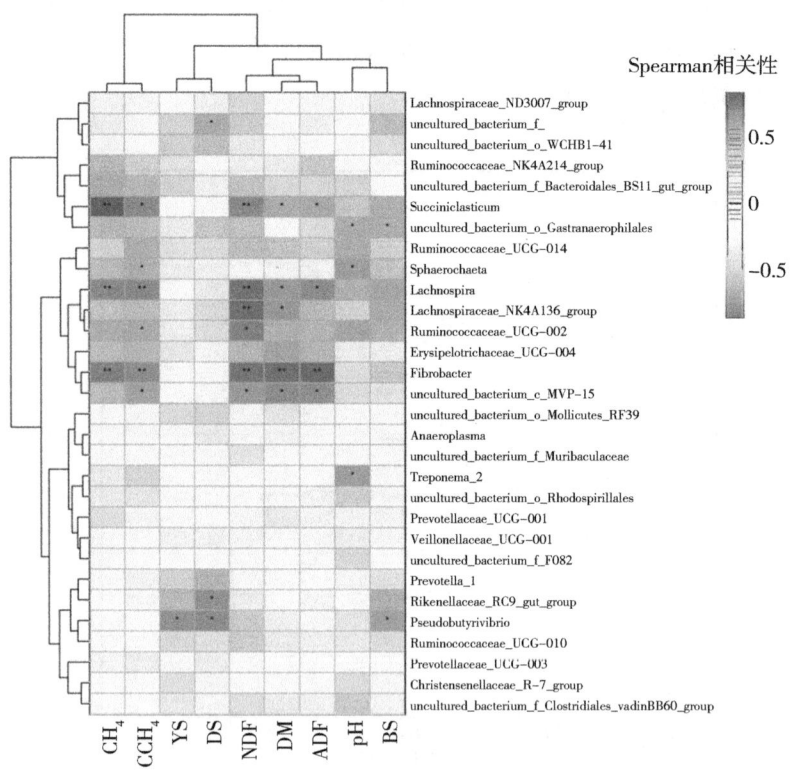

图 2-6　瘤胃属水平微生物（TOP 30）和瘤胃环境因子之间的相关性分析（见文末彩图）

注：CCH$_4$ 代表甲烷浓度；YS 代表乙酸；BS 代表丙酸；DS 代表丁酸。

（三）茶多酚对奶牛瘤胃体外发酵产甲烷菌多样性的影响

1. 产甲烷菌原始序列及优化序列信息

产甲烷菌通过 PE300 平台测序分析，10 个瘤胃液样品共得到 119 431 984 个碱基，经过优化筛选后共得到 82 274 515 个碱基，平均序列长度为 414 bp（表 2-7）。

表 2-7 产甲烷菌原始序列及优化序列信息

Amplified Region	Raw reads	Sequences	Total base	Effective bases	Average length
MLfF-MLrR	198392×2	198392	119431984	82274515	414

注：Amplified Region 代表扩增区域；Raw reads 代表原始序列数；Total base 代表总碱基数目；Effective bases 代表有效碱基数目；Average length 代表有效序列长度。

2. 茶多酚对瘤胃体外发酵产甲烷菌多样性的影响分析

瘤胃产甲烷菌 alpha 多样性和 beta 多样性分析。图 2-7 和图 2-8 展示的分别为茶多酚对瘤胃产甲烷菌 alpha 多样性和 beta 多样性的影响结果。从图 2-7 可以看出，茶多酚对 Chao、Ace、Shannon 和 Simpson 等 alpha 多样性指数虽有所影响，但是并未产生显著差异（$P>0.05$）。从图 2-8 我们可以看出，对照组和茶多酚组的瘤胃液样品发生明显分离，而茶多酚组内样品更加聚集，这表明茶多酚处理影响了瘤胃内产甲烷菌的群落结构。

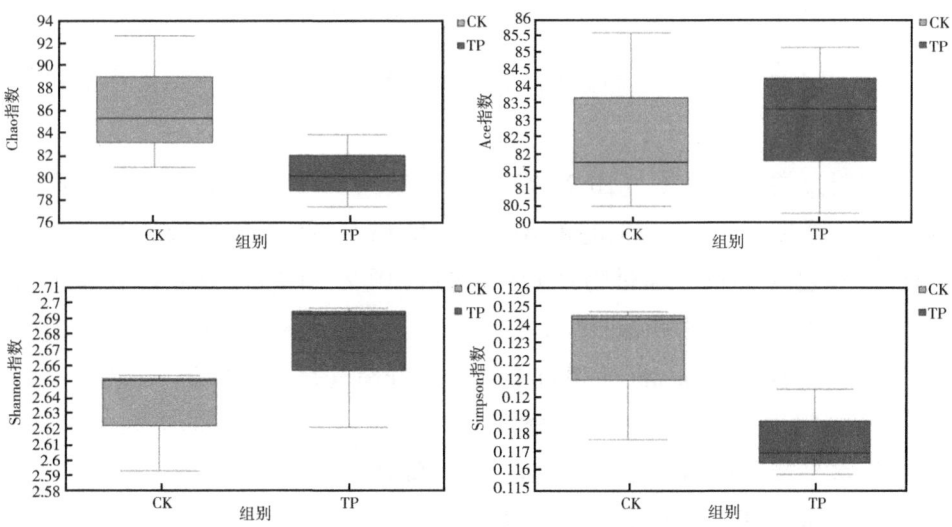

图 2-7 茶多酚对体外发酵产甲烷菌 alpha 多样性的影响

注：CK 代表对照组；TP 代表茶多酚组。

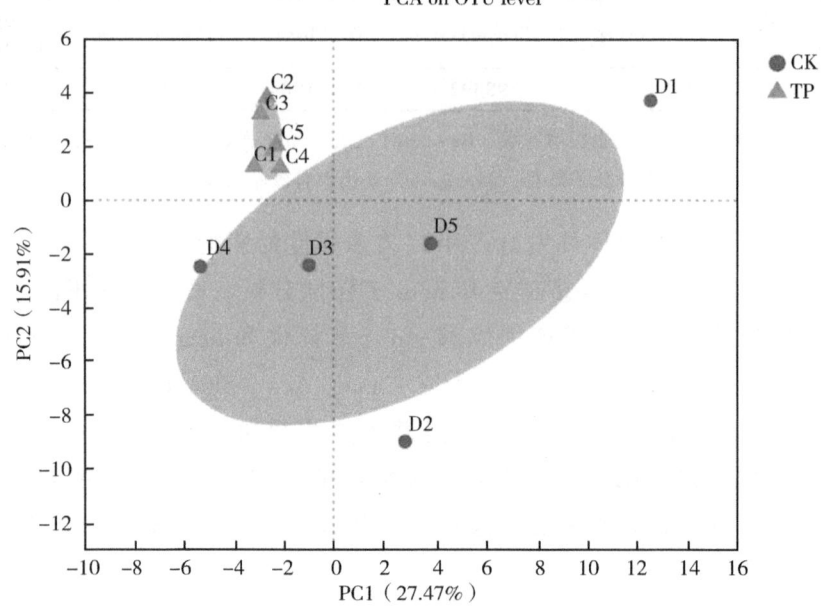

图 2-8 茶多酚对体外发酵产甲烷菌 beta 多样性的影响

注：CK 代表对照组；TP 代表茶多酚组。

3. 茶多酚对奶牛瘤胃体外发酵产甲烷菌群落结构和物种丰度的影响分析

在门分类学水平上（图 2-9），本试验共发现了 4 个产甲烷菌门分类物种，主要由 unclassified_d_Archaea 和 Euryarchaeota 构成，两者相对丰度之和超过 99%。通过物种差异分析（图 2-10）可以看出，添加茶多酚显著降低了瘤胃液中 unclassified_d_Archaea 的相对丰度（$P<0.05$），而 Euryarchaeota 的相对丰度显著升高（$P<0.05$）。

（1）门水平产甲烷菌组成分析

门水平产甲烷菌组成分析见图 2-9 和图 2-10。

（2）属水平产甲烷菌组成分析

在属分类学水平上（图 2-11），本研究共鉴定出 6 个产甲烷菌属，主要由 unclassified_d_Archaea 和 unclassified_p_Euryarchaeota 构成，两者相对丰度之和同样超过了 99%。通过物种差异分析（图 2-12）可以看出，

第二章 茶多酚对奶牛瘤胃体外甲烷生成的影响及其调控机制

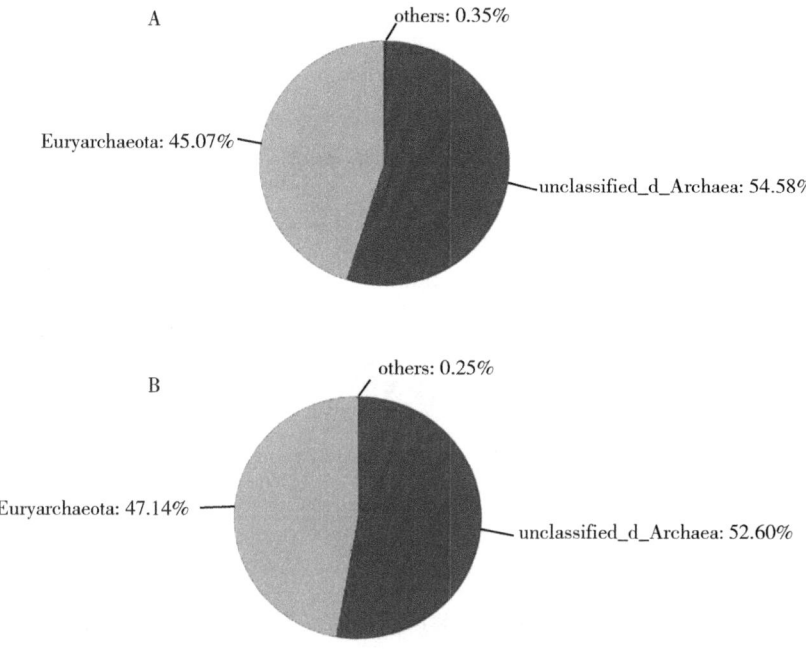

图 2-9 茶多酚对体外发酵产甲烷菌（门水平）组成的影响

注：A 代表对照组；B 代表茶多酚组。

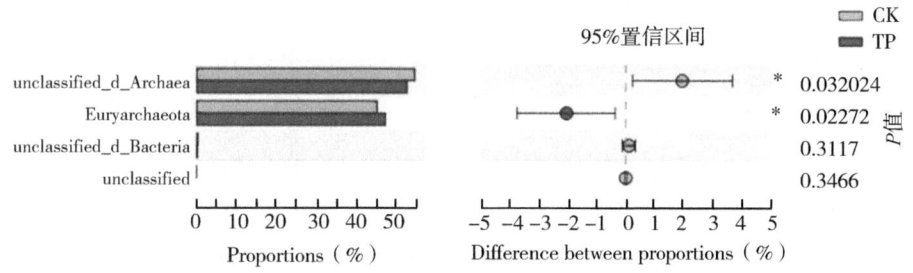

图 2-10 瘤胃产甲烷菌门水平物种差异分析

注：CK 代表对照组；TP 代表茶多酚组。

添加茶多酚显著降低了瘤胃中 *unclassified_d_Archaea* 的相对丰度（$P<0.05$），显著提高了 *unclassified_p Euryarchaeota* 的相对丰度（$P<0.05$）。

4. 甲烷浓度和甲烷产量与产甲烷菌之间的相关关系

图 2-13 为瘤胃产甲烷菌属与瘤胃发酵参数、饲料降解率的 RDA 分析。

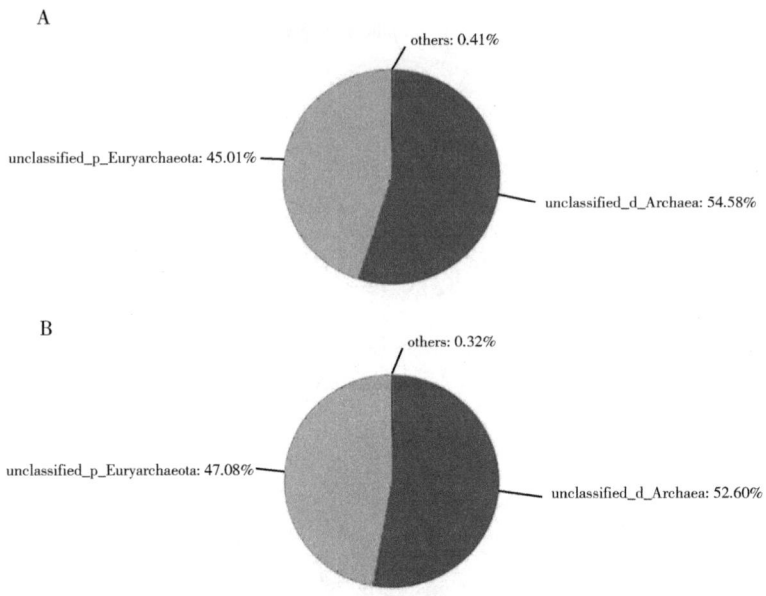

图 2-11 茶多酚对体外发酵产甲烷菌（属水平）组成的影响

注：A 代表对照组；B 代表茶多酚组。

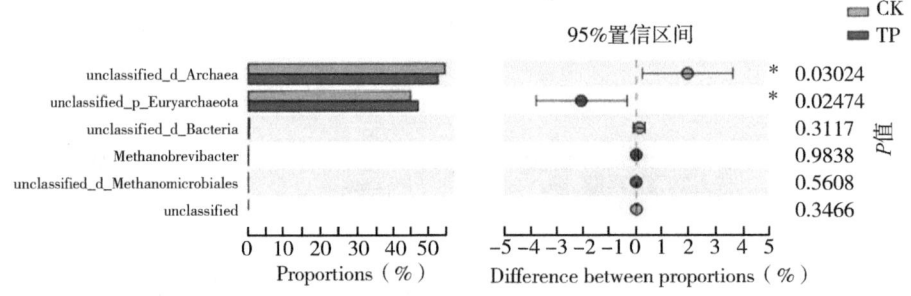

图 2-12 瘤胃产甲烷菌属水平物种差异分析

注：CK 代表对照组；TP 代表茶多酚组。

从图 2-13 中可以看出各环境因子对产甲烷菌的影响程度依次为 $CH_4/GP>CH_4>$丙酸$>DM>NDF>$丁酸$>ADF>pH>$乙酸。在这些环境因子中，甲烷产量、甲烷浓度和丙酸浓度对产甲烷菌的分布的影响程度呈现显著性（$P<0.05$）。

将甲烷浓度和甲烷产量与不同属产甲烷菌的相对丰度进行 Spearman 相关性分析，结果表明（图 2-14），unclassified_p Euryarchaeota 与甲烷

第二章 茶多酚对奶牛瘤胃体外甲烷生成的影响及其调控机制

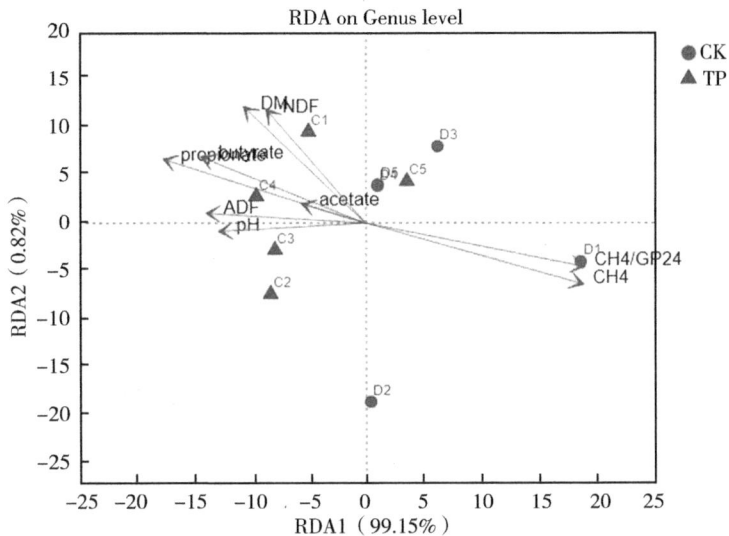

图 2-13 瘤胃产甲烷菌和瘤胃发酵参数的冗余分析

注：CK 代表对照组；TP 代表茶多酚组。

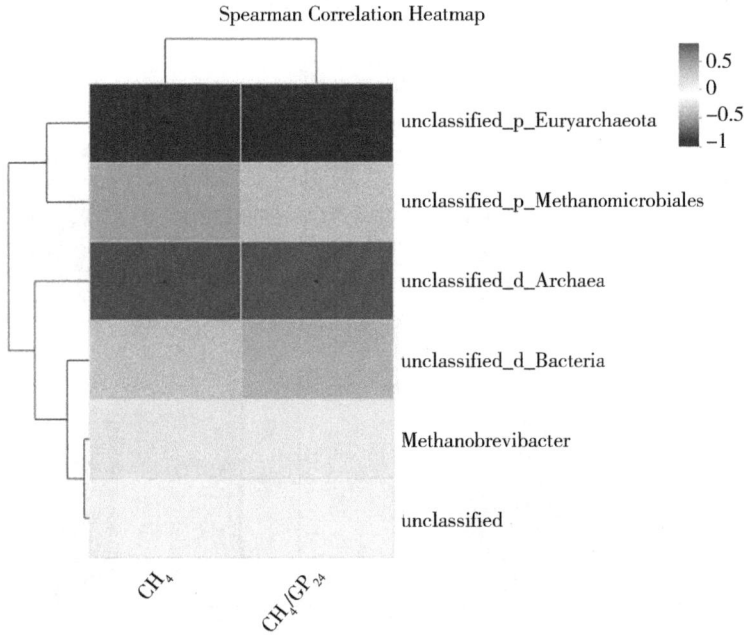

图 2-14 瘤胃产甲烷菌（属水平）和环境因子之间的相关性分析

产量和甲烷浓度均呈显著负相关（$P<0.05$）。而 unclassified_d_Archaea 与甲烷产量和甲烷浓度均呈显著正相关（$P<0.05$）。

（四）茶多酚对奶牛瘤胃体外发酵原虫多样性的影响

1. 原虫原始序列及优化序列信息

本试验中原虫通过 PE300 平台测序，10 个瘤胃液样品共得到 102 533 242 个碱基，经过优化筛选后共得到 80 680 373 个碱基，平均序列长度为 473 bp（表2-8）。

表 2-8 原虫原始序列及优化序列信息

Amplified Region	Raw reads	Sequences	Total-base	Effective bases	Average length
RP841F-Reg1320R	170 321×2	170 321	102 533 242	80 680 373	473

注：Amplified Region 代表扩增区域；Raw reads 代表原始序列数；Total base 代表总碱基数目；Effective bases 代表有效碱基数目；Average length 代表有效序列长度。

2. 茶多酚对奶牛瘤胃体外发酵原虫多样性的影响分析

瘤胃原虫 alpha 多样性和 beta 多样性分析。图 2-15 和图 2-16 展示

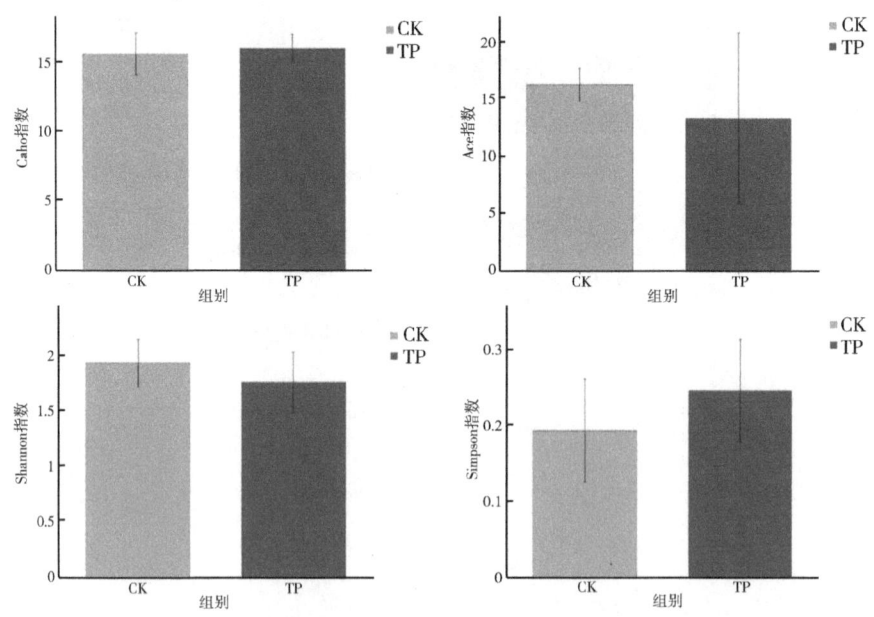

图 2-15 茶多酚对体外发酵原虫 alpha 多样性的影响

注：CK 代表对照组；TP 代表茶多酚组。

的分别为茶多酚对瘤胃原虫 alpha 多样性和 beta 多样性的影响结果。从图 2-15 可以看出，茶多酚对 Chao、Ace、Shannon 和 Simpson 等 alpha 多样性指数无显著影响（$P>0.05$）。从图 2-16 我们可以看出，两组间的样品发生明显分离，这表明茶多酚对瘤胃原虫的区系结构存在一定影响。

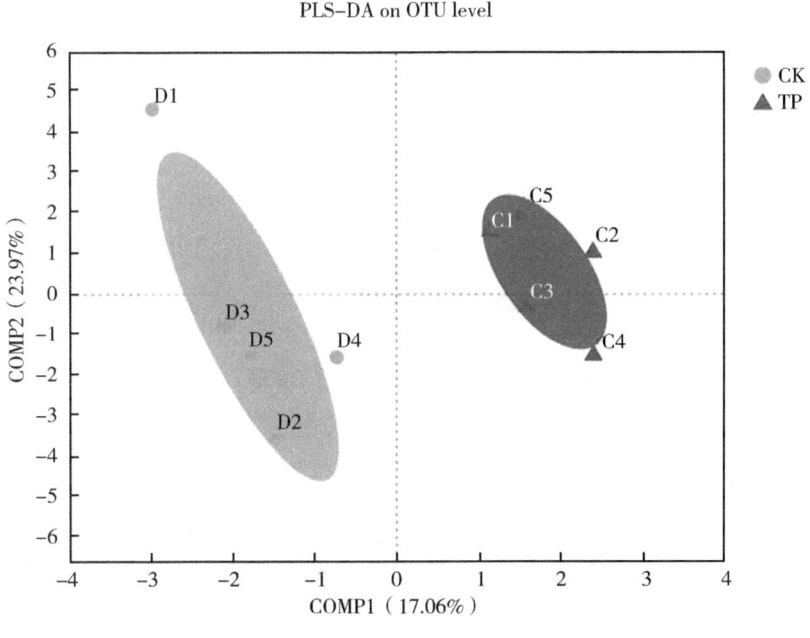

图 2-16　茶多酚对体外发酵原虫 beta 多样性的影响

注：CK 代表对照组；TP 代表茶多酚组。

3. 茶多酚对奶牛瘤胃体外发酵原虫群落结构和物种丰度的影响分析

在门分类学水平上（图 2-17），本试验共发现了 4 个原虫门分类物种，主要由 unclassified_d_Eukaryota 和 Ciliophora 构成，二者的相对丰度超过 99%。在属分类学水平上（图 2-18），本试验共鉴定出 10 个原虫属分类物种，主要由 *unclassified_d_Eukaryota*、*Eodinium*、*Pseudoentodinium*、*Epidinium*、*Entodinium*、*Balantioides* 和 *Ostracodinium* 构成。从图 2-17 和图 2-18 中可以看出，茶多酚的添加影响了门和属水平上原虫的构成。

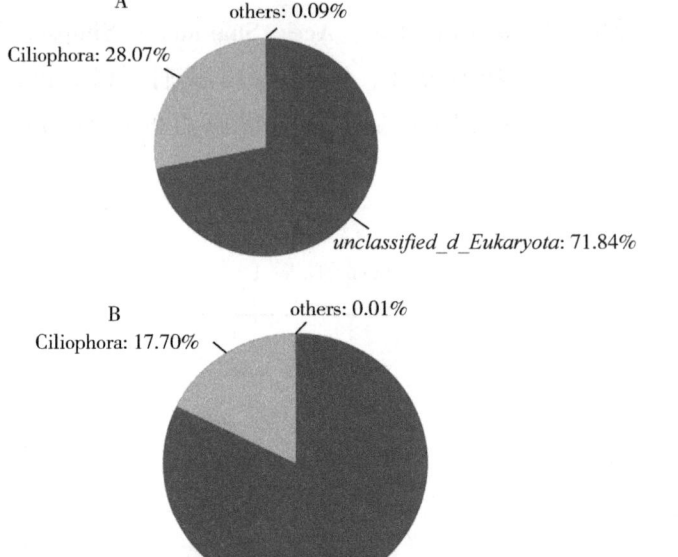

图 2-17 茶多酚对体外发酵原虫（门水平）组成的影响

注：A 代表对照组；B 代表茶多酚组。

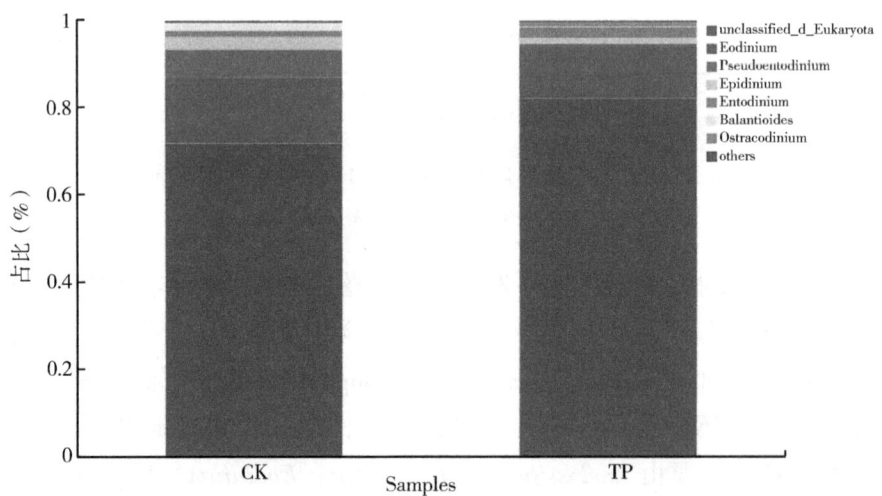

图 2-18 茶多酚对体外发酵原虫（属水平）组成的影响（见文末彩图）

注：CK 代表对照组；TP 代表茶多酚组。

第二章 茶多酚对奶牛瘤胃体外甲烷生成的影响及其调控机制

瘤胃原虫 LEfSe 差异分析结果如图 2-19 所示。本试验通过 LEfSe 分析筛选出对照组和茶多酚组两组间瘤胃液中具有显著差异的原虫，与茶多酚组相比，对照组瘤胃液样品中 *f_unclassified_o_Entodiniomorphida*、*f_Balantidiidae*、*o_Vestibuliferida*、*g_Pseudoentodinium* 和 *g_Balantioides* 等原虫显著富集。

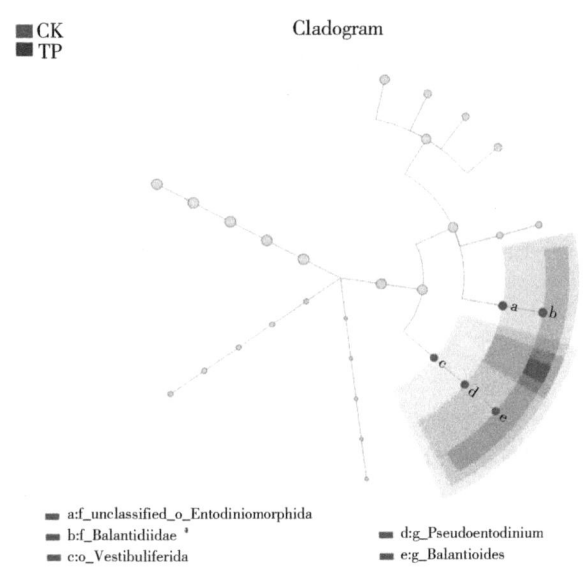

图 2-19 瘤胃原虫物种差异分析（见文末彩图）

注：CK 代表对照组；TP 代表茶多酚组。

4. 甲烷浓度和甲烷产量与原虫之间的相关关系

将甲烷浓度和甲烷产量与不同属原虫的相对丰度进行 Spearman 相关性分析，结果表明（图 2-20），*Pseudoentodinium* 与 CH_4 产量和 CH_4 浓度均呈正相关（$P<0.05$）。*Balantioides* 与 CH_4 产量和 CH_4 浓度均呈显著正相关（$P<0.05$）。*Ostracodinium* 与 CH_4 产量和 CH_4 浓度均呈显著负相关（$P<0.05$）。

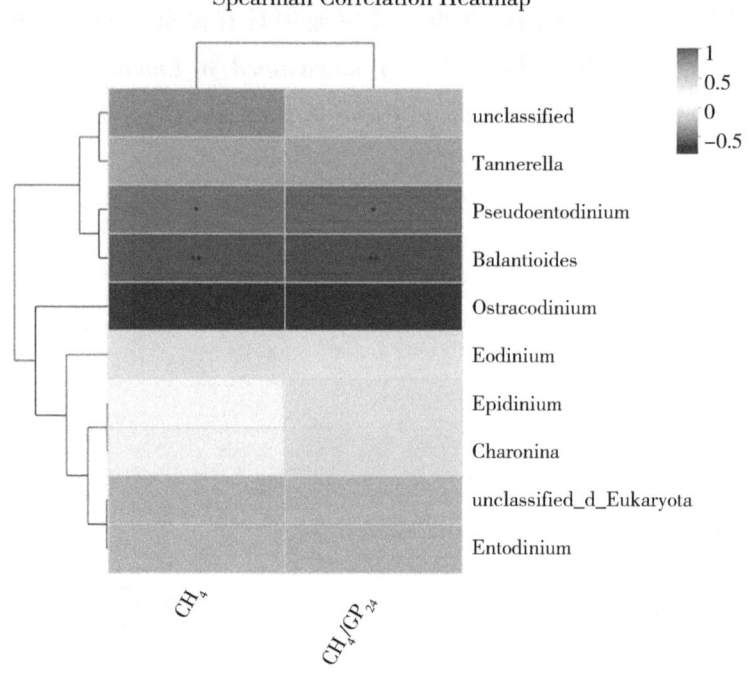

图 2-20　瘤胃内属分类学水平原虫和环境因子之间的相关性分析

三、讨论

(一) 茶多酚对奶牛瘤胃体外发酵 VFA 生成的影响

反刍动物最大的特性在于其瘤胃能够对植物纤维进行消化，瘤胃微生物发酵饲料产生的 VFA 是反刍动物重要的营养来源，占其吸收能量的70%~80%[135]。本试验研究表明，与对照组相比，茶多酚组显著降低了乙酸/丙酸比值。魏欢等（2018）通过人工瘤胃体外发酵技术研究不同浓度鞣花酸和芦丁对瘤胃发酵参数的影响，结果表明，添加鞣花酸和芦丁可以影响瘤胃 VFA 的生成，同时二者均减少了乙酸/丙酸比值[128]。熊颖（2016）采用人工瘤胃体外培养技术研究不同添加剂量的板栗多酚对瘤胃甲烷生成和发酵参数的影响，结果表明，板栗多酚能够调节瘤胃的发酵功能，并显著降低了甲烷产量和乙酸/丙酸比值[136]。杨凯（2017）在肉牛动物试验上同样研究发现，多酚类物质单宁酸能够降低甲烷产量和瘤胃中乙酸/丙酸比值[130]。本研究结果与上述多酚类化合物在瘤胃上的研究结果相吻合。但也有研究表明，多酚类物质对瘤胃 VFA 生成无显著的影响[137]。这些研究结果的差异与多酚的来源、类型及其分子量等有一定关系。瘤胃发酵过程中产生乙酸同时伴随着氢气的生成，而生成丙酸则伴随着氢气的消耗，这意味着瘤胃中丙酸的生成能够减少甲烷生成的底物氢[138,139]。有研究表明，莫能菌素能够减少甲烷的排放量主要归因于降低了瘤胃中的乙酸/丙酸比值以及饲料的瘤胃降解率[140,141]。李宗军（2018）通过相关性分析表明，甲烷产量与瘤胃中乙酸/丙酸比值呈正相关[31]，本研究乙酸/丙酸比值的降低，一定程度上解释了茶多酚减少甲烷生成的原因。

（二）茶多酚对奶牛瘤胃体外发酵微生物群落结构的影响

反刍动物的瘤胃微生态系统是一个复杂的生态系统，瘤胃中栖息着大量的微生物，主要包括细菌、原虫、古菌以及真菌等几大类。瘤胃微生物的组成及其功能受到动物品种、日粮、生理阶段及动物所处的地理位置和环境等诸多因素的影响[142]。在本研究中，体外培养瘤胃液中主要的优势菌群为 *Firmiccutes* 和 *Bacteroidetes*，与奶牛机体瘤胃液中主要的优势菌属相一致[17]，这表明体外培养瘤胃液中的主要优势的细菌构成与动物体瘤胃液的细菌构成较为相似。本试验结果表明茶多酚组显著提升 *p_Fibrobacteres*、*Lachnospira*、*Ruminococcaceae_UCG-002*、*uncultured_bacterium_c_MVP-15* 和 *g_Fibrobacter* 等微生物的相对丰度。Spearman 相关性分析结果表明，*Fibrobacter* 与 DM、NDF 和 ADF 降解率呈现正相关。*Fibrobacter* 是瘤胃中最主要的纤维降解菌，由于低质粗饲料中含有难以分解的结晶状纤维素，故 *Fibrobacter* 通常在低质的粗饲料中丰度较高，正是由于 *Fibrobacter* 纤维分解菌的定植，加速了粗饲料 NDF 和 ADF 在瘤胃中的分解[143]。另有文献研究表明，与处于 CR 瘤胃环境中的粗饲料相比，*Succiniclasticum* 更多定植在 AR 瘤胃环境中发酵的粗饲料表面，并抑制了粗饲料在瘤胃中的降解速率，这表明 *Succiniclasticum* 对粗饲料的降解受到瘤胃环境的影响[46]。本研究茶多酚组瘤胃液中 *Succiniclasticum* 的相对丰度降低并且 *Succiniclasticum* 与 DM、NDF 和 ADF

降解率呈现负相关。这一定程度上阐明了茶多酚能够提高粗饲料降解率的原因。综上所述，茶多酚的添加通过提升瘤胃中纤维降解菌的丰度，调控瘤胃内环境，提高了粗饲料在瘤胃中的降解率。

瘤胃中产甲烷菌在甲烷生成方面具有重要作用，其能够将 CO_2 和 H_2、甲醇、甲酸等物质转化生成 CH_4。产甲烷菌在 mcr 的催化下生成 CH_4[7]，由产甲烷菌产生的 CH_4 占 CH_4 生成总量的90%以上。本研究结果显示，添加茶多酚显著降低了门和属水平上 unclassified_d_Archaea 的相对丰度。spearman 相关性分析结果表明，unclassified_d_Archaea 与甲烷产量和甲烷浓度呈显著正相关。这表明，茶多酚能够影响产甲烷菌的丰度，进而影响甲烷的生成。童津津采用 Illumina MiSeq 测序技术研究葡萄籽原花青素对奶牛瘤胃产甲烷菌群落结构的影响，结果表明，葡萄籽原花青素能够显著降低不同分类学水平上的产甲烷菌丰度[144]。Jay-anegara 等（2015）研究发现体外单宁酸能够降低产甲烷菌的数量[145]，这是因为单宁类物质能够与蛋白质或微生物细胞酶相结合来抑制产甲烷菌的活力[146,147]。上述研究证实了多酚类物质（单宁和非单宁）能够影响产甲烷菌的数量和群落结构，从而影响甲烷生成。

反刍动物瘤胃内除了含有大量的细菌，还栖息着大量的原虫。瘤胃内的原虫主要可以分为纤毛虫和鞭毛虫两大类[148]。此外，瘤胃原虫和产甲烷菌之间存在共生关系，产甲烷菌能够在原虫表面或原虫体内进行附着[149,150]。因此，瘤胃原虫区系的组成会影响反刍动物甲烷的生成。本试验 LEfSe 差异分析结果表明，茶多酚影响了瘤胃中原虫的群落结构，*f_unclassified_o_Entodiniomorphida*、*f_Balantidiidae*、*o_Vestibuliferida*、*g_Pseudoentodinium* 和 *g_Balantioides* 等原虫在对照组中显著富集。Spearman 相关性分析结果显示，*Balantioides* 与 CH_4 产量和 CH_4 浓度均呈正相关。这表明茶多酚通过抑制瘤胃内 *Balantioides* 原虫的活性，从而减少甲烷的生成。Poungchompu 等（2009）研究山竹果皮和无患子果实中浓缩单宁对瘤胃原虫数量的影响，结果表明，上述两种单宁使瘤胃液中产甲烷菌以及原虫的数量显著下降[151]。综上所述，本研究结果表明茶多酚通过减少产甲烷菌和原虫的数量，抑制了甲烷的生成，但本试验中很大比例与甲烷生成高度相关的产甲烷菌和原虫仍未被鉴定。因此，需要我们对这些微生物进行后续的功能观测从而进一步阐明茶多酚影响瘤胃甲烷生成的微生物机制。

四、小结

在本试验条件下，添加茶多酚能够显著降低乙酸/丙酸的比值，改变瘤胃的发酵模式。茶多酚通过增加瘤胃中纤维降解菌 *Fibrobacter* 的丰度，减少与甲烷生成相关的产甲烷菌和原虫的丰度，提高了饲料在瘤胃中的降解率，减少了甲烷的生成。但大部分与甲烷生成高度相关的微生物仍未被鉴定，需要进一步研究。

第三章 茶多酚对奶牛瘤胃粗饲料降解及微生物黏附规律的影响

优质粗饲料的缺乏是中国奶牛业所面临的一个重要难题，因此，提升饲料的转化效率，节约成本是提升我国乳业竞争力的有效途径[43]。在奶牛的日粮中粗饲料是机体和瘤胃微生物的重要营养来源，粗饲料所占比例可以达到80%[52]。中国有大量的作物副产物，如玉米秸秆、稻秸和花生秧等。花生秧营养丰富，是一种优质的粗饲料[152]。研究发现，花生秧可用于饲喂反刍动物，其所含的碳水化合物能够为动物提供能量，通过与精饲料进行合理搭配，可以满足反刍动物的营养需求[152,153]。

奶牛能够利用粗饲料主要是因为其瘤胃内的微生物能够对粗饲料进行降解，从而为宿主提供能量。瘤胃内的微生物系统是一个复杂的生态系统，里面含有数以亿计的微生物如细菌、真菌、原虫和古菌等[25]。细菌是瘤胃中主要的定植微生物，在植物饲料的发酵、降解和消化过程中起着重要的作用[67]。纤维的降解过程需要经过以下几个步骤：微生物向植物基质迁移、微生物对植物细胞壁进行非特异性黏附、微生物对基质进行特异性黏附以及微生物在基质上的增殖[107]。由此可见，细菌对粗饲料的黏附是瘤胃消化粗饲料的关键步骤。研究表明，饲料进入反刍动物的瘤胃后，大量的微生物会迅速地黏附到饲料上，并且粗饲料动态降解的过程中，黏附在粗饲料的微生物也会随之改变。Cheng等（2017）采用16S rRNA测序技术研究粗饲料降解过程中附着在粗饲料上的紧密连接微生物和松散连接微生物的动态变化发现，紧密连接微生物在纤维降解过程中具有更大贡献，尤其对于6 h后的粗饲料降解，遗憾的是未能对大部分微生物进行分类[67]。有研究表明，单宁酸可能是通过阻止微生物对植物细胞壁的附着，从而抑制了纤维的降解，但具体机制尚不清晰[103,108,109]。综合

第三章 茶多酚对奶牛瘤胃粗饲料降解及微生物黏附规律的影响

以上研究结果发现，16S rRNA 测序的方法虽然可以研究粗饲料上附着微生物的群落结构的动态变化，但在功能方面不能够全面解析。宏基因组学的方法可以对整个微生物群落的遗传物质进行研究，能够得到微生物的多样性和功能信息，可以在功能上对 16S rRNA 基因测序结果进行补充[69,70]。因此采用 16S rRNA 基因测序和宏基因组学相结合的方法能更好地研究粗饲料降解过程中微生物菌群结构和功能的动态变化，以及其与纤维降解的关系，为粗饲料的高效利用奠定基础。

根据第二章体外培养的试验结果可以看出 1% DM 添加水平的茶多酚能够减少甲烷的生成，同时提高了饲料的降解率，这主要是茶多酚通过调节瘤胃中纤维降解菌的丰度实现的。但是，茶多酚是如何影响微生物对纤维基质的黏附过程来影响纤维降解的机制尚不清晰。基于以上思考，本试验通过原位尼龙袋降解试验，采用扫描电镜及 16S rRNA 基因测序和宏基因组学相结合的方法来探究茶多酚对粗饲料动态降解过程中微生物对粗饲料的附着规律，以及对附着在粗饲料上的微生物的功能的影响，解析茶多酚影响纤维降解的微生物黏附机制。

第一节　尼龙袋法研究茶多酚对粗饲料瘤胃降解规律的影响

一、材料与方法

（一）试验材料

本试验选取花生秧作为降解用粗饲料，花生秧取自河南农业大学畜牧试验站。花生秧自然风干粉碎后，过 1 mm 筛，装于样品袋中室温保存备用。本试验所选用的茶多酚购自西安瑞林生物科技有限公司。

（二）试验设计

本试验选取装有永久瘘管的荷斯坦奶牛进行试验。试验分为 2 组，即对照组（CON）和茶多酚组（TP），每组 3 头瘘管牛。对照组奶牛饲喂基础日粮，茶多酚组在奶牛的日粮中添加 1% DM 的茶多酚（添加剂量由第二章体外发酵试验筛选而来)。试验期 18 d，其中预饲期 15 d，使奶牛瘤胃内环境得到稳定，采样期 3 d。

(三) 试验动物及饲养管理

本试验动物的日粮组成为（干物质基础）精料补充料 45%（禾丰牧业股份有限公司），玉米青贮 25%，苜蓿 15%，花生秧 15%。试验用牛每天饲喂 2 次，给料时间为 6:00 和 18:00，自由饮水。

(四) 测定指标与测定方法

1. 粗饲料营养成分降解率的测定与计算

试验时每个尼龙袋（尼龙袋孔径为 50 μm，大小 8 cm×12 cm）装入 5 g（DM）左右的粗饲料样品，用橡皮筋将尼龙袋口进行固定，防止样品漏出。将装好样品的尼龙袋固定在长约 50 cm 聚氯乙烯塑料管的一端，另一端打孔系尼龙绳用于固定塑料管，便于后续样品的采集。每根塑料管附 4 个尼龙袋，每头牛放置 7 根塑料管，每头牛共放置 28 个尼龙袋。晨饲前将尼龙袋通过瘘管放入牛瘤胃中，尼龙袋采用"同时放入，分批取出"的方法，在瘤胃内停留 0.5 h、2 h、6 h、12 h、24 h、48 h、72 h 后依次分批取出。

测定粗饲料营养成分降解率样品的采集：在每个采样时间点取出尼龙袋后，其中上端 2 个尼龙袋用自来水进行冲洗，直至尼龙袋中流出水清澈透亮、无味为止。每头牛每个时间点采集 2 个样品，一共 84 个样品。置于 65℃ 鼓风干燥箱中烘至恒重，并记录重量，然后测定 DM、NDF 和 ADF 等常规营养成分含量。常规营养成分指标的测定同第二章第一节。

粗饲料瘤胃降解参数依据 Orskov 等（1979）提出的计算公式进行计算：$Y=a+b\times(1-e^{-ct})$，式中，Y 为 t 时间点饲料成分的降解率；a 为饲料快速降解部分；b 为饲料慢速降解部分；c 为慢速降解部分的降解速率常数；t 为饲料样品在瘤胃中的停留时间。采用最小二乘法计算公式中的 a，b 和 c 值[154]。

粗饲料有效降解率（effective rumen degradability，ED）的计算参考 Horowitz 等（1995）的方法进行计算，$ED=a+(b\times c)/(c+k)$，式中，k 为饲料的外流速率，取 0.032/h[123]。

第三章 茶多酚对奶牛瘤胃粗饲料降解及微生物黏附规律的影响

2. 瘤胃发酵参数的测定

瘤胃 pH 值测定。在发酵前 0 h 和各采样时间点采集瘤胃液，经 4 层纱布过滤后，立刻用便携式 pH 计（testo，Schwarzwald，Germany）进行 pH 值测定并记录测定数据。然后将瘤胃液分装到 2 mL 冻存管中，经液氮迅速冷冻后，置于 -80℃ 冰箱进行保存待测。

（五）数据统计分析

试验数据用 SPSS 18.0（IBM，New York，United States）软件进行分析。对照组和多酚组相同时间点各营养成分降解率数据之间的差异采用独立样本 T 检验分析。试验结果用平均数和标准误表示。以 $P<0.05$ 为显著性差异，$0.05<P<0.1$ 认为存在显著性差异趋势。

二、试验结果

（一）茶多酚对奶牛瘤胃 pH 值的影响

图 3-1 显示的是试验过程中不同处理组奶牛的不同采样时间点瘤胃 pH 值的变化曲线。从图 3-1 中可以看出，对照组和茶多酚组奶牛不同

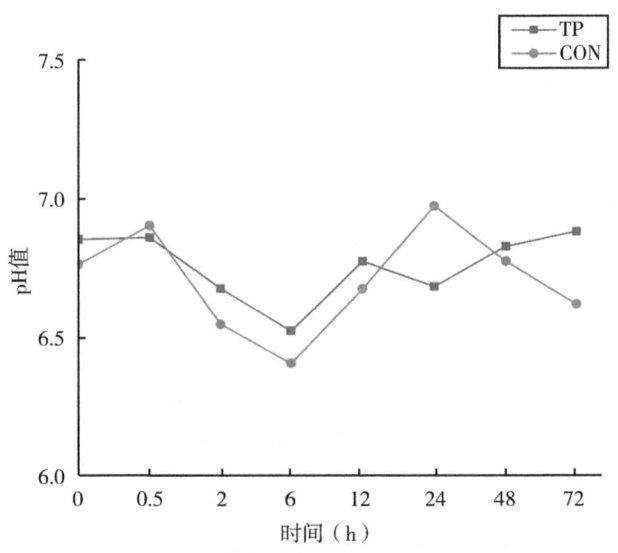

图 3-1 茶多酚对奶牛瘤胃 pH 值的影响

注：CON 代表对照组；TP 代表茶多酚组。

采样时间点瘤胃 pH 值的变化趋势存在相似性，两组奶牛瘤胃液 pH 值均在饲喂后 6 h 达到最低点。此外，茶多酚组缩小了瘤胃 pH 值的波动范围。

（二）茶多酚对粗饲料瘤胃降解率的影响

1. 茶多酚对粗饲料 DM 降解率的影响

图 3-2 所示为茶多酚对粗饲料 DM 降解率的影响结果。从图 3-2 中可以看出，对照组粗饲料在最初 0.5 h 时 DM 的降解率为 21.18%。在 2 h 的 DM 降解率有所提高但无显著差别，在 6~24 h 粗饲料快速降解，24 h 后粗饲料 DM 降解速率减缓。日粮中添加茶多酚显著提高 6 h 和 12 h 的 DM 降解率（$P<0.05$），有提升 72 h DM 降解率的趋势（$0.05<P<0.1$）。

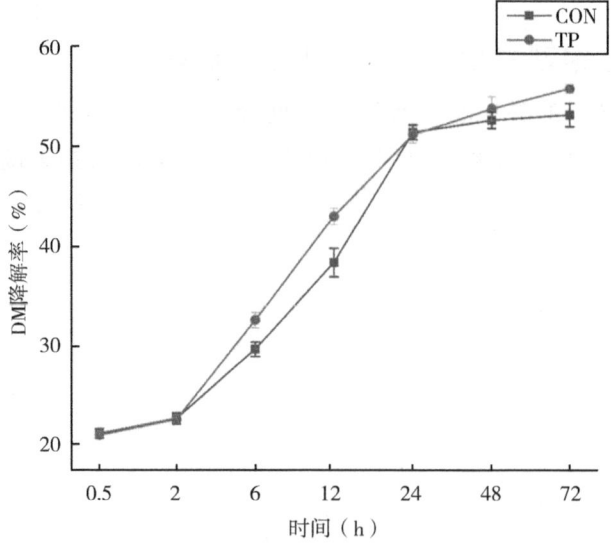

图 3-2 茶多酚对奶牛瘤胃 DM 降解率的影响

注：CON 代表对照组；TP 代表茶多酚组。

茶多酚对粗饲料 DM 降解参数的影响结果如表 3-1 所示。与对照组相比，茶多酚组粗饲料的 DM 有效降解率虽然有所升高，但并未产生显著差异（$P>0.05$）。

第三章 茶多酚对奶牛瘤胃粗饲料降解及微生物黏附规律的影响

表 3-1 茶多酚对粗饲料 DM 降解参数的影响　　　　单位:%

指标	对照组（CON）	茶多酚组（TP）	SEM	P 值
快速降解部分 rapid degradation fraction（a）	18.26	18.10	0.16	0.795
慢速降解部分 slow degradation fraction（b）	36.27	37.43	1.22	0.396
降解速率常数 degradation rate constant（c）	0.076	0.083	0.011	0.341
有效降解率 effective degradation rate（ED）	43.51	45.42	1.00	0.130

2. 茶多酚对粗饲料 NDF 降解率的影响

图 3-3 所示为茶多酚对粗饲料 NDF 降解率的影响结果。由图 3-3 可知，日粮中添加茶多酚显著提高 6 h 和 72 h 的 NDF 降解率（$P<0.05$），有提升 12 h NDF 降解率的趋势（$0.05<P<0.1$）。

茶多酚对粗饲料 NDF 降解参数的影响结果如表 3-2 所示，茶多酚组粗饲料的降解参数和降解速率与对照组相比无显著差异（$P>0.05$）。

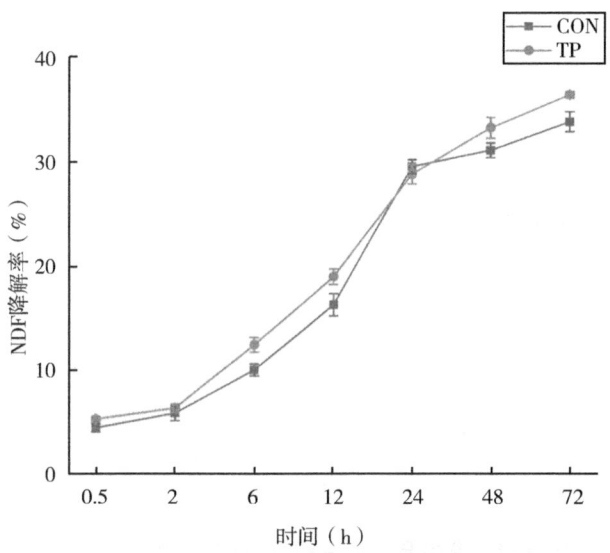

图 3-3 茶多酚对奶牛瘤胃 NDF 降解率的影响
注：CON 代表对照组；TP 代表茶多酚组。

表 3-2　茶多酚对粗饲料 NDF 降解参数的影响　　　　　单位:%

指标	对照组（CON）	茶多酚组（TP）	SEM	P 值
快速降解部分 rapid degradation fraction（a）	2.33	3.62	0.67	0.126
慢速降解部分 slow degradation fraction（b）	32.51	33.34	1.57	0.626
降解速率常数 degradation rate constant（c）	0.057	0.054	0.009	0.735
有效降解率 effective degradation rate（ED）	22.90	24.42	0.91	0.170

3. 茶多酚对粗饲料 ADF 降解率的影响

图 3-4 所示为茶多酚对粗饲料 ADF 降解率的影响结果。日粮中添加茶多酚显著提高 2 h 和 72 h 的 ADF 降解率（$P<0.05$）。

茶多酚对粗饲料 ADF 降解参数的影响结果如表 3-3 所示，与对照组相比，茶多酚组粗饲料的快速降解参数 a 有升高趋势（$0.05<P<0.1$）。

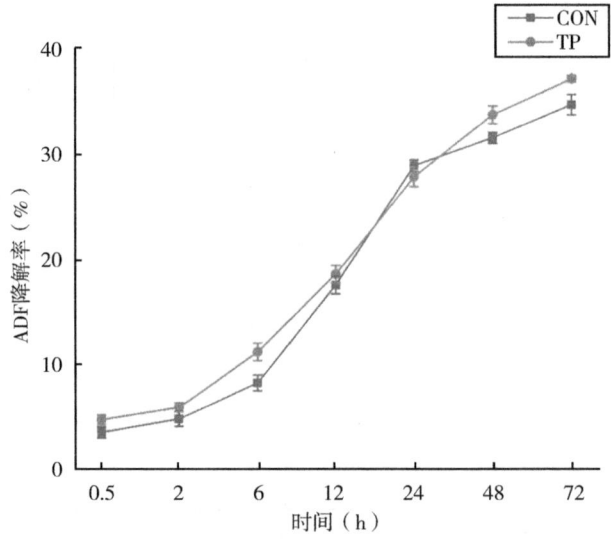

图 3-4　茶多酚对奶牛瘤胃 ADF 降解率的影响
注：CON 代表对照组；TP 代表茶多酚组。

表 3-3　茶多酚对粗饲料 ADF 降解参数的影响　　　　　　　　单位:%

指标	对照组（CON）	茶多酚组（TP）	SEM	P 值
快速降解部分 rapid degradation fraction（a）	1.18	3.17	0.75	0.056
慢速降解部分 slow degradation fraction（b）	34.32	35.13	1.48	0.614
降解速率常数 degradation rate constant（c）	0.056	0.048	0.009	0.413
有效降解率 effective degradation rate（ED）	22.89	24.13	0.86	0.221

三、讨论

原位尼龙袋降解技术是目前国内外常用的一种评价饲料营养价值的方法[155]。汪营（2016）通过体外发酵技术和尼龙袋法研究了稻秸、麦秸及两者混合组的瘤胃动态降解率，结果表明，体外发酵法测得的降解率比尼龙袋法测定的结果偏低。其原因可能是由于体外培养技术是在一个封闭的外界系统，随着发酵的进行，发酵底物或许会对发酵过程产生抑制作用[52]。这同时表明，与体外培养技术相比，尼龙袋法更能准确地反映饲料的营养价值。同第二章粗饲料的 24 h 体外降解率相比，本试验同样表明尼龙袋法所测得的降解率高于体外发酵法。

瘤胃 pH 值是反映瘤胃发酵状态和瘤胃内微生物系统是否稳定的一个重要指标[156]。反刍动物在采食不同的日粮后引起的瘤胃发酵效果的差异，很大程度上归因于瘤胃微生物对日粮的响应不同[157]。本试验奶牛在采食后 pH 值呈现出先下降后上升的趋势，这可能是因为动物在进食后，易于发酵降解的碳水化合物能够快速地发酵成为有机酸，从而降低了奶牛瘤胃液的 pH 值。在奶牛采食后 6 h 时，动物机体不断地进行反刍和咀嚼，并且分泌了大量呈弱碱性的唾液，中和了瘤胃液 pH 值的降低，缓慢恢复至采食前的水平。茶多酚组瘤胃液 pH 值波动范围较为平缓，这可能是由于酚类物质会抑制某些微生物的活性造成的[158]。

饲料的 DM 降解率是评价饲料营养价值和可利用性的重要指标，其受到多种因素的影响。不同饲料由于自身的生理特点和营养成分不同，其瘤胃降解率会产生差异[159]。国外学者采用尼龙袋法比较分析了骆驼刺（茎和叶）、芦苇（茎和叶）、枣椰子（叶）、地肤（茎和叶）、稻草

（茎和叶）和盐角草（茎和叶）等6种不同粗饲料的瘤胃降解率，结果发现，粗饲料理化性质的初始差异显著影响了6个牧草在瘤胃内的降解率。采用高通量测序技术进一步探究其原因，结果表明纤维降解菌在NDF含量最高的牧草上有显著的高表达，而瘤胃球菌倾向于向酸性洗涤木质素含量低的牧草进行黏附，从而最终影响了6个牧草的最终降解率[68]。另外不同的处理方式也会影响粗饲料的降解率[77,160]。本试验结果表明，在最初0.5 h粗饲料DM已降解21.18%，在2~24 h粗饲料快速降解，24 h后降解速率降低。这与前人在黑麦草[161]和稻秸上的研究较为相似[67]。本试验粗饲料在瘤胃中停留0.5 h已有大量的DM被降解，这可能是由于瘤胃微生物能够快速地利用粗饲料中易降解的可溶性营养物质。在0.5~2 h花生秧的降解出现了短暂的停滞，其原因可能是由于在发酵起始阶段易降解的多糖类物质快速降解提升了瘤胃中氢分压，从而抑制了后续粗饲料的降解[161]。但随着瘤胃中甲烷的增长，降低氢分压后，纤维降解菌的活力重新恢复[162]。这一定程度上解释了0.5~2 h时DM降解率产生停滞的原因。花生秧在2~24 h降解最快，24 h后降解率逐渐降低，这可能是由于易降解的物质降解完毕，剩余的高度木质化的组织不易降解。Shen等（1999）研究发现，稻秸在发酵后期由于表皮的蜡质和硅质层的抵制，微生物很难进一步对其进行降解消化[163]。

饲料NDF和ADF的降解率是评价饲料可利用性的重要指标，它们能够反映饲料消化的难易程度。研究表明，粗饲料DM的总降解率很大程度上取决于自身NDF的含量[68]。本试验研究发现，粗饲料NDF和ADF的降解趋势与DM降解趋势具有相似性，茶多酚显著提高6 h和12 h的DM降解率，并有提高粗饲料ADF的快速降解参数a的趋势。这主要与茶多酚的添加能够增加瘤胃中纤维降解菌 *Fibrobacter* 的丰度有关，这在本论文第二章已经得到证明。但茶多酚的使用到底是如何影响瘤胃微生物对粗饲料的黏附过程的，还需要进一步深入研究。

四、小结

粗饲料的DM、NDF和ADF在奶牛瘤胃内2~24 h快速降解，24 h

第三章 茶多酚对奶牛瘤胃粗饲料降解及微生物黏附规律的影响

后降解速率减缓。日粮中添加茶多酚能够提高粗饲料的 DM、NDF 和 ADF 等营养成分的瘤胃降解率。

第二节 茶多酚对粗饲料瘤胃微生物动态黏附的影响

一、材料与方法

(一)试验设计

同第三章第一节(二)部分。

(二)测定指标与方法

1. 扫描电镜样品的制备步骤

粗饲料扫描电镜样品的采集:对照组粗饲料在发酵前 0 h 和放置于瘤胃后 0.5 h、2 h、6 h、12 h、24 h、48 h、72 h 进行扫描电镜样品的采集。操作步骤为:将塑料管下端的 2 个尼龙袋放入装有冰 PBS 缓冲液的烧杯中,打开尼龙袋。用灭菌的镊子,取少量样品,加入装有 2.5% 戊二醛固定液的 EP 管中,4℃避光保存 24 h 后进行检测。扫描电镜检测的具体步骤参考汪营(2016)论文中的方法进行[52]。

2. 微生物 16S rRNA 测序分析

微生物测定样品的采集:在每个时间点取出尼龙袋后,下端的 2 个尼龙袋采集完扫描电镜样品后,用冰的 PBS 缓冲液进行冲洗。具体操作为:小心将尼龙袋口解开,用 50 mL 冰 PBS 缓冲液从尼龙袋口倒入进行冲洗,反复冲洗 2 次。迅速将冲洗后的降解样品装入无菌冻存管后置于液氮冷冻,带回实验室于-80℃超低温冰箱中保存备用。每头牛每个时间点采集 2 个样品,一共 84 个样品。

粗饲料上黏附微生物的具体检测步骤同第二章第二节(三)部分,本试验使用引物 338F (5′-ACTCCTACGGGAGGCAGCAG-3′) 和 806R (5′-GGACTACHVGGGTWTCTAAT-3′) 对 16S rRNA 基因的 V3-V4 可变区进行 PCR 扩增。

二、试验结果

(一) 扫描电镜观察粗饲料瘤胃降解和微生物黏附情况

由扫描电镜观察结果（图 3-5）可知，在瘤胃内停留 0.5 h 时粗饲料上已经附着大量的微生物，6 h 时微生物数量增加并且可以看到粗饲料已经有碎片降解，24 h 以后粗饲料上的微生物数量保持较高水平并且能够观察到粗饲料已有明显的破损和孔洞。这表明，粗饲料在瘤胃内降解的过程中，微生物对粗饲料的附着和降解是一个动态变化的过程。

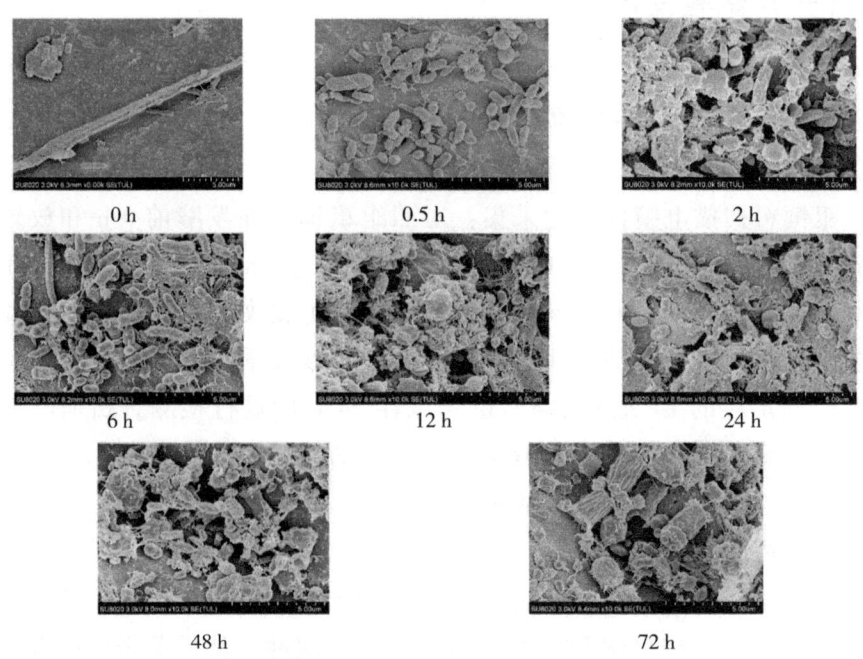

图 3-5　扫描电镜观察粗饲料在瘤胃内降解及微生物附着的动态变化

(二) 原始序列及优化序列信息

粗饲料上黏附的微生物 16S rRNA 通过 PE300 平台测序，84 个粗饲料样品共得到 2 450 719 124 个碱基，经过优化筛选后共得到 1 696 440 012 个碱基，平均序列长度为 416.73 bp（表 3-4）。

第三章　茶多酚对奶牛瘤胃粗饲料降解及微生物黏附规律的影响

表 3-4　原始序列及优化序列信息

Amplified Region	Raw reads	Sequences	Total base	Effective bases	Average Length
338F_806R	4 070 962×2	4 070 962	2 450 719 124	1 696 440 012	416.73

注：Amplified Region 代表扩增区域；Raw reads 代表原始序列数；Total base 代表总碱基数目；Effective bases 代表有效碱基数目；Average Length 代表有效序列长度。

（三）瘤胃粗饲料黏附微生物的多样性

图 3-6 所展示的是对照组和茶多酚组中不同时间点黏附在粗饲料上微生物的 alpha 多样性的分析结果。由图 3-6 可知，茶多酚的添加显著影响了附着在粗饲料上微生物的 alpha 多样性。茶多酚的添加显著降低了微生物的 Chao 和 Ace 指数（$P<0.05$），尤其对 24 h、48 h 和 72 h 的 Chao 和 Ace 指数影响更为显著。茶多酚同样降低了微生物的 Shannon 指数（$P<0.05$），其对 Shannon 指数的影响趋势与 Chao 和 Ace 相一致。茶多酚的添加显著提升了微生物的 Simpson 指数，尤其在 24 h、48 h 和 72 h 三个时间点茶多酚对 Simpson 指数影响更为明显（$P<0.05$）。

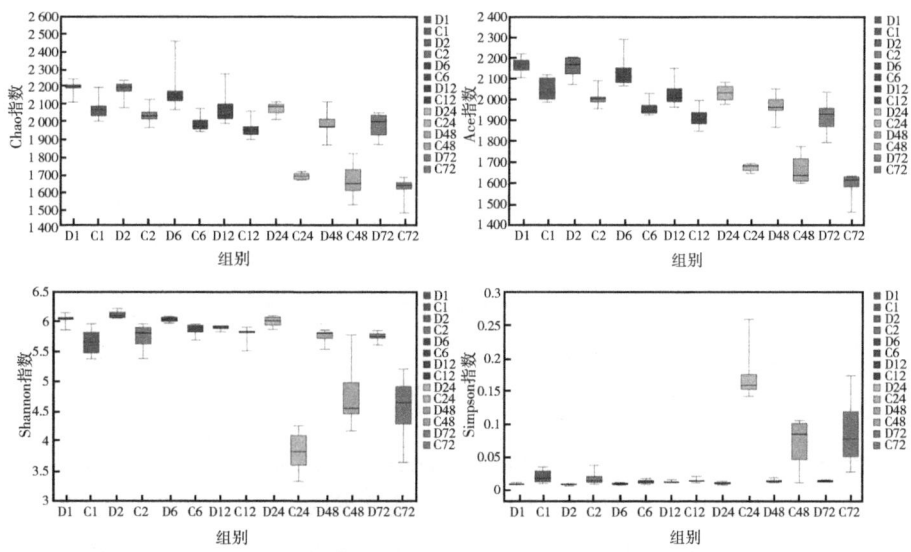

图 3-6　茶多酚对黏附在粗饲料上的细菌 alpha 多样性的影响（$n=6$）

注：D1 代表降解 0.5 h 的样品；D2、D6、D12、D24、D48、D72 分别代表降解 2 h、6 h、12 h、24 h、48 h 和 72 h 的样品；C 同 D 一样。D 代表对照组；C 代表茶多酚组。

图 3-7 所展示的是对照组不同时间点黏附在粗饲料上微生物的 beta 多样性结果。由该图可以看出，每个时间点的样品较好地聚集在一起，这表明同一时间点黏附在粗饲料上的微生物组成相似性较高。此外，微生物可以分为 4 簇，0.5 h 和 2 h 的微生物样品聚成一簇；6 h 和 12 h 的样品聚成一簇，48 h 和 72 h 的样品聚成一簇，24 h 的样品单独成一簇，这表明在 6 h 和 24 h 时黏附在粗饲料上的微生物组成可能发生了转变。

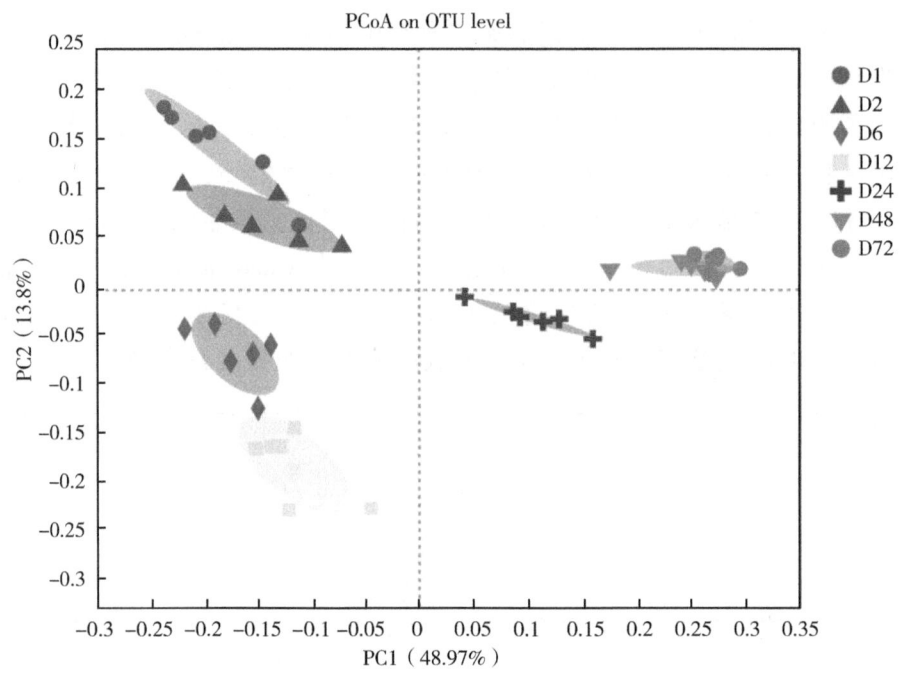

图 3-7　对照组黏附在粗饲料上的细菌 beta 多样性（见文末彩图）

注：D1 代表降解 0.5 h 的样品；D2、D6、D12、D24、D48、D72 分别代表降解 2 h、6 h、12 h、24 h、48 h 和 72 h 的样品；D 代表对照组。

图 3-8 所展示的为对照组和茶多酚组两组样品不同时间点黏附在粗饲料上微生物的 beta 多样性。综合分析茶多酚对黏附微生物 beta 多样的影响发现（图 3-8），在 24 h 时对照组和茶多酚组黏附在粗饲料上的微生物发生了明显分离。各组 48 h 和 72 h 的样品聚成一簇且彼此分离，这表明来自相同瘤胃环境样品的微生物菌群结构更为相似，茶多酚影响了黏附在粗饲料上微生物的菌群结构。

第三章 茶多酚对奶牛瘤胃粗饲料降解及微生物黏附规律的影响

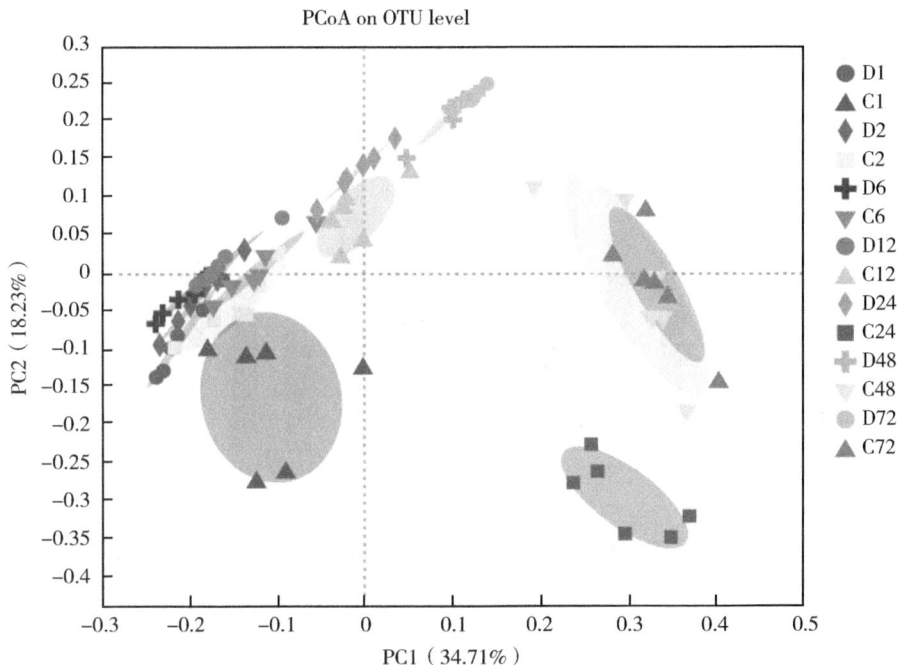

图 3-8 茶多酚对黏附在粗饲料上的细菌 beta 多样性的影响（见文末彩图）

注：D1 代表降解 0.5 h 的样品；D2、D6、D12、D24、D48、D72 分别代表降解 2 h、6 h、12 h、24 h、48 h 和 72 h 的样品；C 同 D 一样。D 代表对照组；C 代表茶多酚组。

（四）茶多酚对瘤胃粗饲料黏附微生物组成的影响

图 3-9 展示的是对照组和茶多酚组粗饲料样品降解过程中门分类学水平上微生物群落组成的变化情况。在门分类学水平上，黏附在粗饲料上的微生物共被注释到 24 个细菌门分类物种。从图 3-9 中可以看出，粗饲料上黏附的主要细菌（相对丰度大于 1%）有 Firmicutes、Bacteroidetes、Patescibacteria、Spirochaetae、Tenericutes、Actinobacteria、Proteobacteria。剩余 17 个门的相对丰度均小于 1%。从图 3-9 中我们可以看出，Fimicutes 和 Bacteroidetes 为主要菌群，Fimicutes 和 Bacteroidetes 在不同时间点和不同处理组间比例有所差异，但两者的总和占据总序列的相对比例超过 90%。总体来看，不同时间点样本在门分类学水平上优势物种相同但相对丰度有所差异，这表明茶多酚能够影响门水平黏附微生

物的相对丰度和构成。

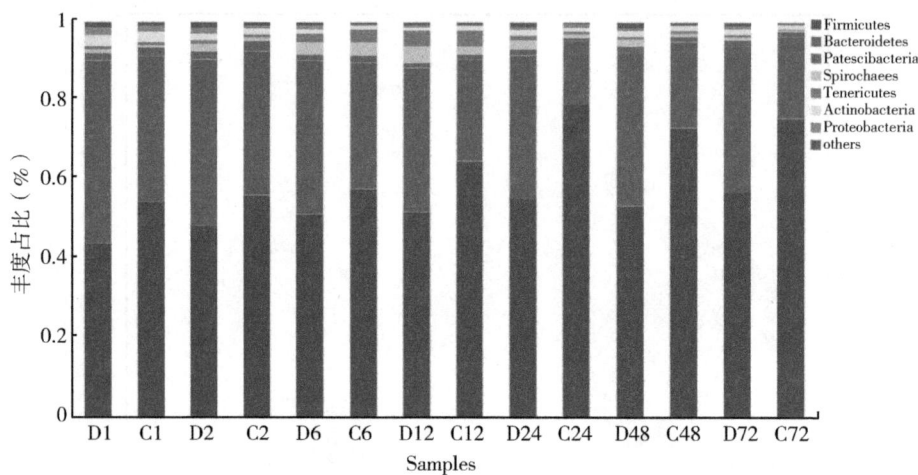

图 3-9 茶多酚对黏附在粗饲料上的细菌（门水平）组成的影响（见文末彩图）

注：D1 代表降解 0.5 h 的样品；D2、D6、D12、D24、D48、D72 分别代表降解 2 h、6 h、12 h、24 h、48 h 和 72 h 的样品；C 同 D 一样。D 代表对照组；C 代表茶多酚组。

在属分类学水平上，本试验所有样品共鉴定到 488 个细菌属，其中至少有一个样品中相对丰度大于 1% 的属有 35 个，黏附在粗饲料上的属水平微生物动态变化结果如表 3-5 所示。由表 3-5 可知，Prevotella_1 在对照组和茶多酚组两组间变化趋势相一致，在 0.5 h 时 Prevotella_1 相对丰度达到最高峰，然后随之下降，72 h 时 Prevotella_1 的相对丰度显著低于 0.5 h（$P<0.05$）。在对照组中 Ruminococcaceae_UCG-010 随粗饲料在瘤胃内停留的时间延长，其相对丰度逐渐增加，并且在 72 h 时相对丰度显著高于 0.5 h 的相对丰度（$P<0.05$），而茶多酚组中，Ruminococcaceae_UCG-010 的相对丰度在 12 h 最高，然后下降。关于 Weissella，对照组中只在 0.5 h 和 2 h 鉴定到，并且 2 h 的相对丰度显著高于 0.5 h（$P<0.05$）；茶多酚组中，在 12 h 时，Weissella 的相对丰度处于最高峰，随后下降，72 h 未鉴定到。Treponema_2 的相对丰度在 0.5 h 后逐渐上升，对照组在 12 h 达到最高峰，然后下降；而茶多酚组 Treponema_2 的相对丰度在 6 h 达到最高峰，并显著高于其他时间点（$P<0.05$）然后下降。这表明，日粮中添加茶多酚改变了黏附在粗饲料上的微生物的变化规律。

第三章　茶多酚对奶牛瘤胃粗饲料降解及微生物黏附规律的影响

本试验 Lefse 多级物种差异判别分析结果如图 3-10 所示。由图 3-10 可知，在不同时间点黏附在粗饲料上的微生物存在显著差异。在 0.5 h 最显著富集的菌属为 *Prevotella*_1，在 12 h 时显著富集的菌属为 *Lachnospira* 和 *Treponema*_2，而 *Fibrobacter* 在 48 h 时显著富集。

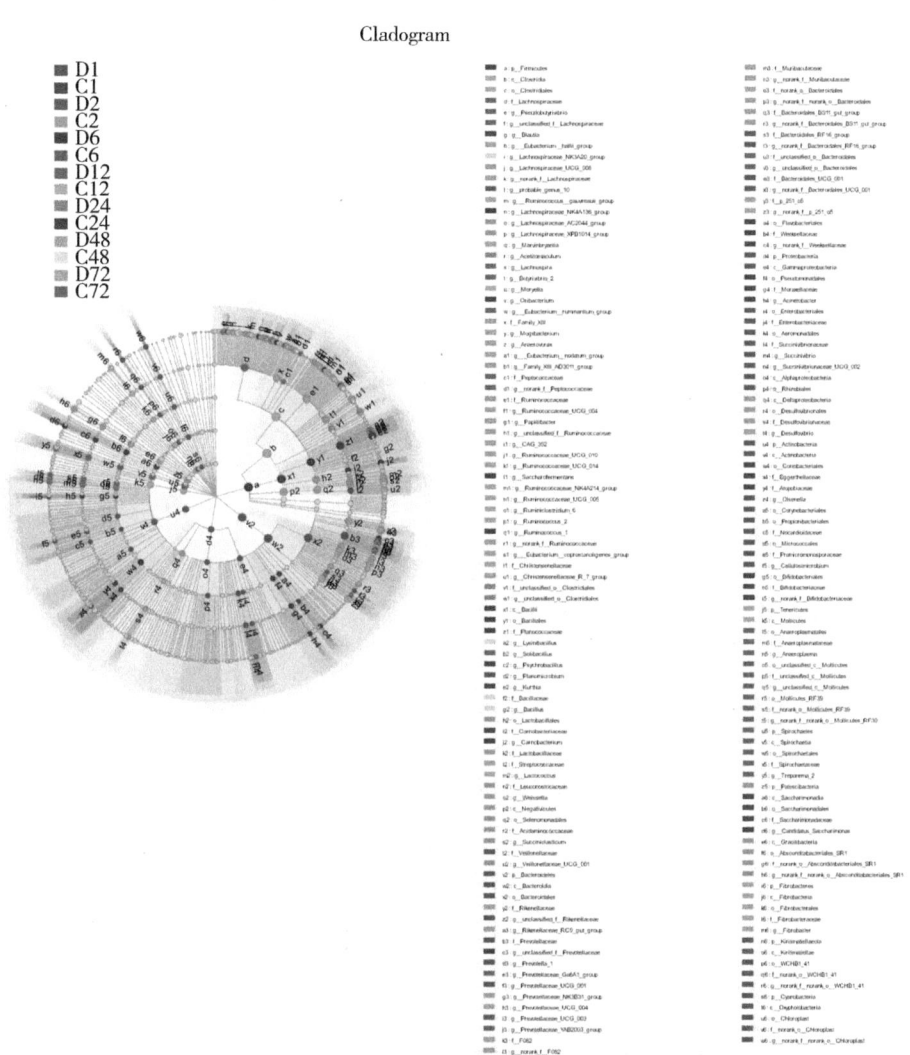

图 3-10　黏附微生物差异分析（见文末彩图）

表3-5 茶多酚影响粗饲料上黏附微生物的时序变化（属水平）

属	分组	0.5 h	2 h	6 h	12 h	24 h	48 h	72 h	SEM	P值
Prevotella_1	CON	26.01^a	20.53^a	20.41^{ab}	16.60^{bc}	11.25^a	8.32^d	5.72^d	3.18	<0.001
	TP	20.17^a	15.58^a	14.20^a	7.00^b	4.29^b	3.71^b	3.52^b	2.90	<0.001
Ruminococcaceae_NK4A214_group	CON	5.01^c	6.37^c	5.08^c	5.35^c	8.76^b	12.25^a	11.92^a	0.99	<0.001
	TP	5.44^b	4.97^b	6.46^b	9.46^a	4.61^b	8.75^a	8.96^a	1.02	<0.001
Rikenellaceae_RC9_gut_group	CON	6.61^{bc}	6.29^{cd}	4.93^d	4.99^d	7.51^{bc}	8.01^b	9.71^a	0.74	<0.001
	TP	6.36^{bc}	7.15^{bc}	5.73^b	8.55^a	5.20^b	6.86^b	6.43^b	0.72	0.002
Christensenellaceae_R-7_group	CON	4.72^c	5.59^{bc}	5.47^{bc}	4.65^c	6.79^{ab}	7.00^a	7.78^a	0.63	<0.001
	TP	4.75^{bc}	5.41^b	5.34^b	7.41^a	3.55^c	5.53^b	5.73^b	0.64	<0.001
unclassified_o__Clostridiales	CON	3.91^{ab}	4.14^{ab}	4.86^{ab}	3.20^b	5.27^a	3.82^{ab}	5.13^a	0.74	0.069
	TP	4.80^a	4.99^a	5.03^a	4.72^a	2.41^b	2.82^b	3.07^b	0.69	<0.001
Succiniclasticum	CON	3.89	4.07	3.90	2.60	4.12	2.35	2.39	1.01	0.257
	TP	4.84^{bc}	8.38^a	5.32^b	3.91^{bcd}	1.87^d	3.05^{bcd}	2.19^{cd}	1.28	<0.001
norank_f_F082	CON	4.36^{ab}	4.18^{ab}	3.27^{ab}	2.99^b	4.20^{ab}	3.98^{ab}	4.59^a	0.44	0.007
	TP	3.38^{ab}	4.10^a	3.31^{ab}	3.69^a	1.91^c	2.75^{bc}	2.20^c	0.39	<0.001
Lachnospiraceae_NK3A20_group	CON	2.72^{bc}	3.04^{ab}	2.26^c	2.15^c	3.36^{ab}	4.22^a	3.47^{ab}	0.42	<0.001
	TP	3.19^{ab}	2.91^{abc}	2.88^{abc}	2.43^{bc}	1.62^c	4.23^a	4.01^a	0.62	0.003
norank_f_Muribaculaceae	CON	1.48^c	1.99^{bc}	2.10^b	3.13^b	3.20^b	4.86^b	5.89^b	0.65	<0.001
	TP	1.31^{bc}	2.17^b	2.16^b	2.11^b	1.17^b	3.56^b	3.70^b	0.43	<0.001

（续表）

属	分组	0.5 h	2 h	6 h	12 h	24 h	48 h	72 h	SEM	P值
Lachnospira	CON	0.34^d	0.45^d	4.12^b	8.40^a	1.73^c	0.42^d	0.34^d	0.36	<0.001
	TP	0.14^c	0.11^c	2.64^b	7.00^a	0.87^c	0.21^c	0.19^c	0.39	<0.001
norank_f__p-251-o5	CON	0.58^c	0.80^{bc}	1.42^{bc}	1.67^b	2.49^b	5.80^a	4.48^a	0.81	<0.001
	TP	0.50^{bc}	1.38^a	1.07^{ab}	0.16^c	0.19^c	0.77^{abc}	0.97^{ab}	0.30	0.001
Treponema_2	CON	0.58^c	1.53^{bc}	3.03^a	4.00^a	1.99^b	1.44^{bc}	0.43^c	0.50	<0.001
	TP	0.30^c	0.58^c	3.18^a	1.88^b	0.69^c	0.59^c	0.26^c	0.49	<0.001
Butyrivibrio_2	CON	1.75^{bc}	2.27^a	2.77^a	2.79^a	1.20^{cd}	0.67^d	0.56^d	0.40	<0.001
	TP	1.46^b	1.41^b	2.10^a	1.22^b	0.27^c	0.32^c	0.34^c	0.23	<0.001
Prevotellaceae_UCG-003	CON	1.82^a	2.30^a	1.21^b	1.18^b	1.65^{ab}	1.60^{ab}	1.22^b	0.41	0.084
	TP	1.15^{ab}	1.46^a	1.19^{ab}	0.85^{ab}	0.60^b	0.67^b	0.53^b	0.32	0.053
Ruminococcaceae_UCG-014	CON	0.91^c	1.01^{bc}	1.43^{ab}	1.32^{abc}	1.24^{bc}	1.13^{bc}	1.68^b	0.19	0.007
	TP	0.83^b	0.92^b	1.59^a	1.66^a	0.80^b	1.10^b	1.01^b	0.20	<0.001
[Eubacterium]_coprostanoligenes_group	CON	0.63^b	0.76^b	0.85^b	0.97^b	1.78^a	1.77^a	2.11^a	0.17	<0.001
	TP	0.74^b	0.77^b	1.21^a	1.38^a	0.86^b	1.38^a	1.42^a	0.15	<0.001
Prevotellaceae_UCG-001	CON	1.68	1.58	1.20	1.14	1.38	1.54	1.18	0.35	0.591
	TP	1.10^{ab}	1.43^a	0.95^{ab}	0.61^b	0.47^b	0.84^{ab}	0.79^{ab}	0.30	0.067
unclassified_f_Lachnospiraceae	CON	1.57^a	1.64^a	1.50^b	1.66^b	0.96^b	0.72^b	0.73^b	0.12	<0.001
	TP	1.18^b	1.32^{ab}	1.44^a	1.27^{ab}	0.37^c	0.45^c	0.47^c	0.10	<0.001

(续表)

属	分组	0.5 h	2 h	6 h	12 h	24 h	48 h	72 h	SEM	P 值
Ruminococcaceae_UCG-010	CON	0.72^c	0.85^c	0.79^c	0.89^c	1.36^b	1.51^b	1.84^a	0.11	<0.001
	TP	0.71^e	0.82^c	1.11^b	1.33^a	0.75^c	1.04^b	1.02^b	0.10	<0.001
Weissella	CON	0.01^{ab}	0.02^a	0.00^b	0.00^b	0.00^b	0.00^b	0.00^b	0.006	0.078
	TP	0.41^b	6.90^a	5.00^a	1.92^b	0.22^b	0.01^b	0.00^b	1.43	<0.001
Ruminococcus_2	CON	0.80^e	0.87^c	0.68^e	0.79^c	1.24^b	1.91^a	1.51^b	0.15	<0.001
	TP	0.68^{bc}	0.56^c	0.92^b	1.06^a	0.51^c	1.00^a	0.67^{bc}	0.14	0.001
Acetitomaculum	CON	1.07^{ab}	0.96^a	0.77^{cd}	0.65^d	1.18^a	1.10^{ab}	1.13^{ab}	0.10	<0.001
	TP	1.05^{ab}	0.71^{cd}	0.78^{bcd}	0.99^{abc}	0.63^d	1.06^{ab}	1.07^a	0.13	0.003
Family_XIII_AD3011_group	CON	0.43^d	0.47^d	0.46^d	0.44^d	1.09^c	1.58^b	2.22^a	0.16	<0.001
	TP	0.65^b	0.55^b	0.71^b	0.84^b	0.68^b	1.36^a	1.47^a	0.15	<0.001
[Eubacterium]_hallii_group	CON	0.84^{bc}	0.79^{bc}	0.82^{bc}	0.66^c	0.98^{abc}	0.95^{abc}	1.07^a	0.07	<0.001
	TP	0.82^{ab}	0.62^{bc}	0.80^{ab}	0.93^a	0.59^c	0.90^a	0.88^a	0.01	0.003
Candidatus_Saccharimonas	CON	0.94^a	0.87^a	0.58^b	0.59^b	0.82^{ab}	0.78^{ab}	0.73^{ab}	0.12	0.032
	TP	1.20^a	1.12^{ab}	0.86^{bcd}	1.10^{abc}	0.51^e	0.79^{cde}	0.69^{de}	0.15	<0.001
Ruminococcus_1	CON	0.74^{cd}	1.43^a	1.83^a	1.81^a	0.89^c	0.56^{de}	0.41^e	0.14	<0.001
	TP	0.46^c	1.02^a	1.19^a	0.70^b	0.11^d	0.18^d	0.14^d	0.10	<0.001
norank_o_Absconditabacteriales_SR1	CON	0.93^{ab}	1.19^a	0.91^{ab}	0.68^b	0.75^b	0.90^b	0.95^{ab}	0.19	0.218
	TP	1.12^b	1.57^a	0.83^{bc}	0.26^e	0.17^e	0.58^c	0.63^{cd}	0.17	<0.001

(续表)

属	分组	0.5 h	2 h	6 h	12 h	24 h	48 h	72 h	SEM	P值
Anaeroplasma	CON	0.28^c	0.35^c	1.18^a	2.42^a	0.56^c	0.19^c	0.11^c	0.21	<0.001
	TP	0.17^c	0.22^c	1.81^b	2.31^a	0.30^c	0.14^c	0.05^c	0.18	<0.001
Veillonellaceae_UCG-001	CON	1.37^a	1.36^a	1.12^{ab}	0.81^{bc}	0.58^{cd}	0.16^d	0.09^d	0.23	<0.001
	TP	1.37^a	1.68^a	0.77^b	0.50^{bc}	0.13^d	0.11^{cd}	0.04^d	0.20	<0.001
Prevotellaceae_NK3B31_group	CON	0.40^c	0.52^{bc}	0.54^{bc}	0.53^{bc}	0.91^{ab}	1.19^a	0.87^{ab}	0.18	0.001
	TP	0.42^{ab}	0.48^{ab}	0.59^{ab}	0.35^b	0.48^{ab}	0.77^{ab}	0.81^a	0.19	0.143
Pseudobutyrivibrio	CON	0.89^b	0.85^b	0.85^b	1.63^a	1.08^b	0.33^c	0.32^c	0.12	<0.001
	TP	0.55^b	0.28^b	0.46^b	0.28^b	0.12^c	0.08^c	0.12^c	0.06	<0.001
Lachnospiraceae_XPB1014_group	CON	0.67^b	0.73^{ab}	0.84^a	0.64^b	0.45^c	0.11^d	0.07^d	0.06	<0.001
	TP	0.93^a	1.11^a	0.97^a	0.92^a	0.27^b	0.08^b	0.05^b	0.11	<0.001
Prevotellaceae	CON	0.97^a	0.93^a	1.05^a	0.84^a	0.41^b	0.26^b	0.17^b	0.13	<0.001
	TP	0.85^a	0.89^a	0.76^{ab}	0.22^b	0.12^b	0.12^b	0.09^b	0.16	<0.001
BS11_gut_group	CON	0.46^c	0.62^{bc}	0.57^{bc}	0.51^{bc}	0.67^b	0.94^a	1.07^a	0.08	<0.001
	TP	0.19^c	0.49^a	0.48^a	0.43^{ab}	0.18^c	0.38^{ab}	0.32^b	0.01	<0.001
Oribacterium	CON	0.32^c	0.71^b	1.01^a	0.60^b	0.29^c	0.22^c	0.24^c	0.07	<0.001
	TP	0.20^{bc}	0.31^b	0.70^a	0.69^a	0.16^c	0.15^c	0.16^c	0.01	<0.001

注：CON 代表对照组；TP 代表茶多酚组；同行字母不同表示差异显著（$P<0.05$）；含相同字母表示差异不显著（$P>0.05$）。

图 3-11 所示为受茶多酚影响显著差异的部分黏附微生物。从图 3-11 中可以看出，与对照组相比，茶多酚组显著提高 2 h 时 *Succiniclasticum* 的相对丰度（$P<0.05$）；显著提高 6 h 时 *Ruminococcaceae_NK4A214*

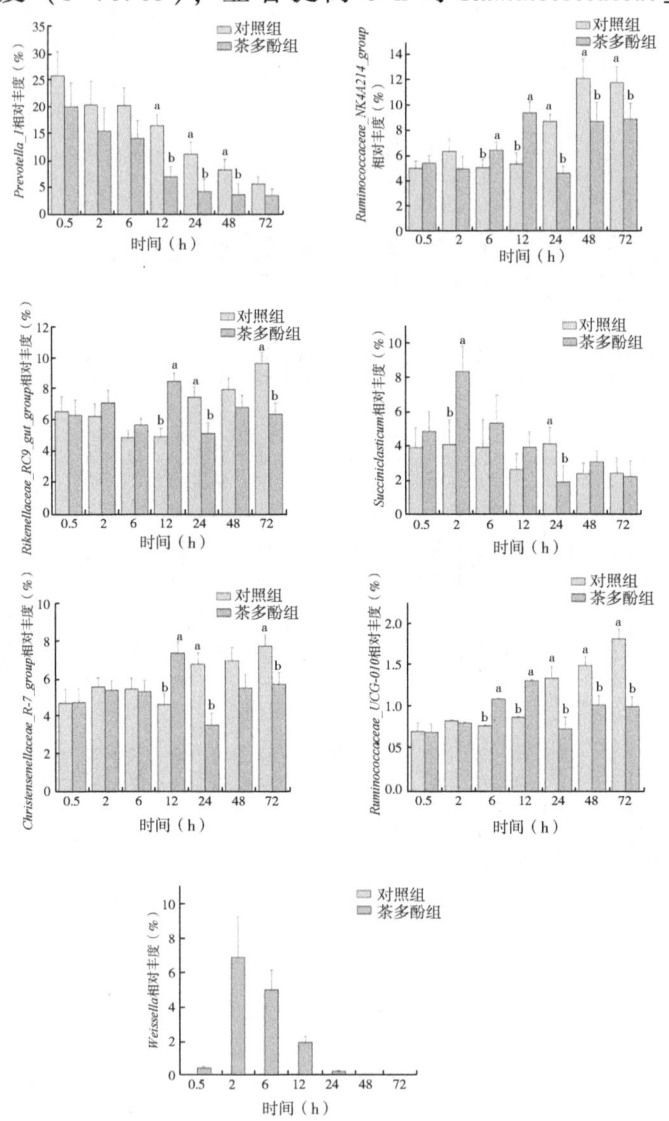

图 3-11 受茶多酚影响显著差异的部分黏附微生物

注：数据表示为平均值±标准误。字母不同表示差异显著（$P<0.05$）；字母相同表示差异不显著（$P>0.05$）。

_group 和 *Ruminococcaceae_UCG*-010 的相对丰度（$P<0.05$）；显著提高 12 h 时 *Ruminococcaceae_NK4A214_group*、*Rikenellaceae_RC9_gut_group*、*Christensenellaceae_R-7_group* 和 *Ruminococcaceae_UCG*-010 的相对丰度（$P<0.05$）。

三、讨论

反刍动物瘤胃微生物对饲料的黏附过程是一个动态变化过程，细菌在大多数饲料生物聚合物的降解和发酵过程中起着关键作用[164]。本试验扫描电镜结果发现，在 0.5 h 粗饲料上已有大量微生物附着，并且扫描电镜照片从粗饲料形态结构的变化上显示了粗饲料的降解过程是一个动态的变化过程[165]。科研工作者通过研究瘤胃微生物对黑麦草的黏附过程发现，将黑麦草放置在瘤胃内 5 min，已有大量的微生物附着在黑麦草上[65]。结合本试验第三章第一节的结果，在粗饲料置于瘤胃内 0.5 h 后，已有 22% 的 DM 被降解，这进一步证实了微生物具有极强的黏附能力和降解特性。alpha 多样性分析表明，粗饲料在瘤胃中的停留时间和茶多酚的添加均能够显著影响微生物的 Shannon、Simpson、Ace 和 Chao 指数。经过与前人的研究成果进行对比分析，我们发现随着在瘤胃内停留时间的延长，Shannon 和 Chao 指数均显著降低，同汪营（2016）的研究结果相一致[52]，产生这种结果的原因可能是随着粗饲料降解时间的延长，黏附在粗饲料上的微生物趋于稳定。另外，本研究发现与对照组相比，茶多酚组显著影响 24~72 h 微生物的多样性，结合前一节茶多酚提高了粗饲料 ADF 快速降解参数的结果进行分析，这可能是由于茶多酚加速了纤维的降解过程，黏附在粗饲料上的微生物提前趋于稳定，此外，茶多酚还具有抗菌的功效，因此减少了黏附在粗饲料上的微生物多样性[166]。

本试验结果表明黏附在粗饲料上的细菌在门分类学水平上以 Fimicutes 和 Bacteroidetes 为主要菌群，占据总测序序列相对比例的 90% 以上，这表明黏附在粗饲料上的微生物与瘤胃液中主要的优势菌属相一致[17]。有研究通过分析黏附在粗饲料上的紧密连接和松散连接微生物群落结构发现，无论是黏附在粗饲料上的紧密连接或者是松散连接微生物中，Fimicutes 和 Bacteroidetes 均为主要的菌群[67]。这是由于 Fimicutes 和 Bacteroidetes 是主要的纤维降解菌，这两个菌门与纤维和多糖的降解紧密相关[167]。

在本研究中，*Prevotella*-1 是相对丰度最高的菌属，在两组中表现出一致的变化趋势，即粗饲料在瘤胃内停留 0.5 h 时 *Prevotella* 菌属相对丰度达到最高峰，并在随后的 6 个时间点其相对丰度逐渐下降。研究表明 *Prevotella* 菌属和 *Succinivibrio* 能够对碳水化合物进行高效代谢，并且对低 pH 值有较好的耐受性[168,169]。*Prevotella* 和 *Succinivibrio* 在发酵初期能够利用饲料中的可溶性碳水化合物，这一定程度上解释了粗饲料能够在 0.5 h 内快速降解的原因以及 *Prevotella* 在降解前期具有较高丰度的原因。总体分析整个瘤胃降解过程，我们发现，黏附在粗饲料上的微生物在不同时间点存在显著差异。在 0.5 h 时最显著富集的菌属为 *Prevotella*_1，而 *Lachnospira* 和 *Treponema*_2 在 12 h 时显著富集，*Fibrobacter* 在 48 h 时显著富集。这表明，黏附在粗饲料上的微生物菌群的变化与粗饲料的物质降解存在一定相关关系。随着粗饲料中可溶性碳水化合物的快速降解，导致粗饲料的整体降解从可溶性碳水化合物的降解逐步地转移到纤维木质素的降解上，这也就导致 *Treponema*_2 和 *Fibrobacter* 等参与纤维和半纤维素降解的微生物逐步占据主导地位。在本试验中 *Ruminococcaceae_UCG*-010 和 *Ruminococcus*_2 在对照组中随着在瘤胃中停留的时间延长，其丰度逐渐增加，而茶多酚组在 12 h 其丰度达到最高，随后降低。*Ruminococcaceae* 是已知的瘤胃中具有纤维降解能力的微生物[170]。有研究表明，黏附在粗饲料上的 *Ruminococcaceae* 在 24 h 和 72 h 的相对丰度显著高于 0.5 h 和 6 h[52]。这同本试验对照组的结果相一致，而茶多酚在 12 h 其丰度达到最高，提前达到峰值。另外，本试验粗饲料 ADF 降解率的结果表明，日粮中添加茶多酚提高了粗饲料 ADF 的快速降解参数 a。研究表明，*Weissella* 菌属具有缩短发酵周期并且提高发酵食品质量的功效[171]。本实验中 *Weissella* 菌属只在对照组中 0.5 h 和 2 h 被鉴定到，并且 2 h 的相对丰度显著高于 0.5 h，而茶多酚组中，*Weissella* 菌属在 12 h 时，其相对丰度处于最高峰，然后随之下降。有研究表明，在不同的瘤胃环境中粗饲料上黏附的微生物中 *Prevotella*-1、

Ruminococcaceae_NK4A214_group、*Rikenellaceae_RC9_gut_group* 和 *Christensenellaceae_R-7_group* 均具有较高的丰度，这表明这些物种在瘤胃粗饲料的降解中具有重要作用[46]。本研究结果表明，与对照组相比，茶多酚组显著提高 6 h 时 *Ruminococcaceae_NK4A214_group* 和 *Ruminococcaceae_UCG*-010 的相对丰度；显著提高 12 h 时 *Ruminococcaceae_NK4A214_group*、*Rikenellaceae_RC9_gut_group*、*Christensenellaceae_R-7_group* 和 *Ruminococcaceae_UCG*-010 的相对丰度。上述结果表明，日粮中添加茶多酚通过调控瘤胃黏附在粗饲料上微生物的组成，使得 *Weissella*、*Ruminococcaceae_UCG*-010 和 *Ruminococcus_2* 等黏附在粗饲料上的微生物提前达到峰值，加速了粗饲料纤维的降解，提高粗饲料的瘤胃降解率。

本试验 PCoA 结果显示 6 h 与 2 h 相比，样品发生了明显的分离；24 h 的样品与 12 h 的样品也发生明显分离；48 h 和 72 h 的样品聚集在一起，且均与 24 h 的样品发生了明显的分离。这表明在 6 h 和 24 h 黏附在花生秧上的微生物发生了明显转变，并且 48 h 和 72 h 时微生物趋于稳定，这可能与饲料降解过程密切相关。前期降解的是易降解的可溶性碳水化合物，后期主要是难以降解的纤维类物质，因此黏附在粗饲料上的微生物也发生转变。Liu 等（2016）研究瘤胃微生物对稻秸和苜蓿的动态附着过程时发现，附着在饲料上的微生物区系在 6 h 前后发生了明显转变。Huws 等（2013，2016）研究发现，0~2 h 时附着在多年生黑麦草上的瘤胃微生物时与 4 h 以后附着的微生物显著不同[172,173]。微生物的这种转变表明在粗饲料降解过程中这些微生物可能具有不同的功能。因此，关于这些微生物在粗饲料降解过程中的功能仍需要进一步深入研究。

四、小结

本研究结果表明在 0.5 h 粗饲上已附着大量微生物，粗饲料的降解过程是一个动态的变化过程。在 6 h 和 24 h 黏附在粗饲料上的微生物发生显著转变。在 0.5 h 最显著富集的菌属为 *Prevotella*_1、而 *Lachnospira* 和 *Treponema*_2 在 12 h 时显著富集，*Fibrobacter* 在 48 h 时显著富集。日粮中添加茶多酚影响了黏附在粗饲料上微生物的组成结构，使得 *Weissel-*

la、*Ruminococcaceae_UCG*-010 和 *Ruminococcus*_2 等黏附在粗饲料上的微生物相比于对照组提前达到峰值，加快了纤维的降解，提高粗饲料的瘤胃降解率。这些结果为将来干预瘤胃微生物提升粗饲料的降解效率奠定了数据基础。

第三节 宏基因组学分析粗饲料上黏附微生物的功能

一、材料与方法

（一）试验设计
同第三章第一节（二）部分。

（二）样品采集
同第三章第一节（三）部分。

（三）宏基因组学分析流程
根据第三章第二节微生物的 PCoA 分类情况，筛选出 6 h、24 h、72 h 共 3 个时间点的样品进行宏基因组学分析。

1. DNA 提取、文库构建和上机测序

DNA 的提取和质量检测过程同第二章第二节（三）部分。通过 Covaris M220 将 DNA 片段化，筛选约 400 bp 的片段，并使用 NEXTFLEX ® Rapid DNA-Seq（Bioo Scientific，Austin，United States）构建 PE 文库。使用 Illumina NovaSeq 测序平台进行测序。

2. 数据质控

（1）使用软件 Seqprep（https://github.com/jstjohn/SeqPrep）对 reads 3′端和 5′端的 adapter 序列进行质量剪切。

（2）使用软件 Sickle（https://github.com/najoshi/sickle）去除剪切后长度小于 50 bp、平均碱基质量值低于 20 以及含 N 碱基的 reads，保留高质量的 pair-end reads 和 single-end reads。

（3）通过软件 BWA（http://bio-bwa.sourceforge.net）将 reads 比对

宿主 DNA 序列，并去除比对相似性高的污染 reads。

3. 拼接组装

使用拼接软件 MEGAHIT[174]（https://github.com/voutcn/megahit）对优化序列进行拼接组装。在拼接结果中筛选大于等于 300 bp 的 contigs 作为最终的组装结果。

4. 基因预测

使用 MetaGene[175]（http://metagene.cb.k.u-tokyo.ac.jp/）对拼接结果中的 contigs 进行 ORF 预测。选择核酸长度大于等于 100 bp 的基因，并将其翻译为氨基酸序列。

5. 非冗余基因集构建

用软件 CD-HIT[176]（http://www.bioinformatics.org/cd-hit/）对所有样品预测出来的基因序列进行聚类（参数为：95% identity、90% coverage），每类取最长的基因作为代表序列，构建非冗余基因集。

6. 基因丰度计算

使用软件 SOAPaligner[177]（http://soap.genomics.org.cn/），分别将每个样品的高质量 reads 与非冗余基因集进行比对（95% identity），统计基因在对应样品中的丰度信息。

7. 物种与功能注释

使用 CAZymes 数据库的对应工具 hmmscan（http://hmmer.janelia.org/search/hmmscan）将非冗余基因集序列与 CAZymes 数据库（Version 5.0）进行比对（BLAST 比对参数设置期望值 e-value 为 1e-5），获得基因对应的碳水化合物活性酶注释信息，然后使用碳水化合物活性酶对应的基因丰度总和计算该碳水化合物活性酶的丰度。

二、试验结果

（一）序列统计与质控

本试验宏基因组共检测到 789 736 006 reads，平均每个样本 438 742 238 reads。经过质控和去宿主后共得到 782 341 970 reads，平均每个样本 43 463 442 reads。

（二）宏基因组学分析茶多酚对瘤胃粗饲料黏附微生物组成的影响

图 3-12 为基于 Bray-Curtis distance 距离算法的 PCoA 分析。从图 3-12A 中可以看出，在 6 h 时，对照组和茶多酚组的样品距离较近，且与 24 h 和 72 h 样品明显分离，表明黏附在粗饲料上的微生物受到时间因素的影响。此外，对照组 24 h 和 72 h 的样品距离较近；茶多酚组

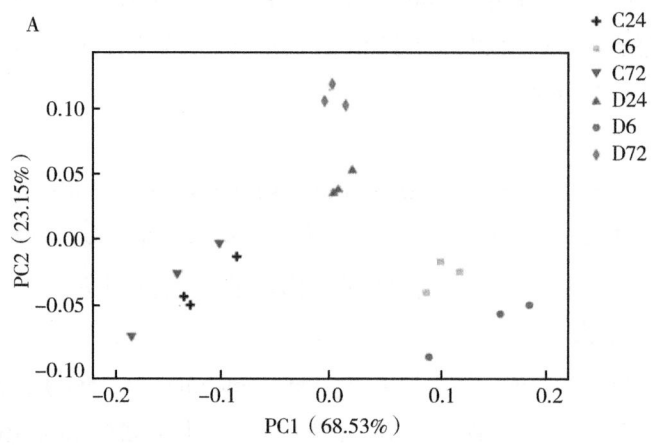

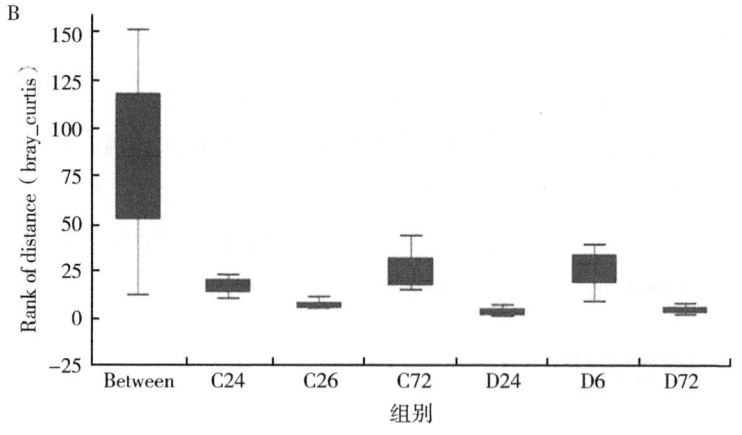

图 3-12 宏基因组学分析黏附在粗饲料上的微生物多样性

A. PCoA 分析；B. 组间相似性分析

注：D6、D24、D72 分别代表降解 6 h、24 h 和 72 h 的样品；C 同 D 一样。D 代表对照组；C 代表茶多酚组。

第三章 茶多酚对奶牛瘤胃粗饲料降解及微生物黏附规律的影响

24 h 和 72 h 的样品距离较近,但茶多酚组与对照组 24 h 和 72 h 样品明显分离,这表明在 24 h 和 72 h 时来自相同瘤胃环境的样品其微生物组成更加相似。ANOSIM 相似性结果表明(图 3-12B),不同处理间的微生物结构存在显著差异($R^2=0.9440$,$P<0.01$)。以上结果表明,黏附在粗饲料上的微生物受到瘤胃停留时间和瘤胃环境等因素的影响。

图 3-13 展示的是物种与功能的贡献度分析结果。物种与功能的贡献度分析不仅可以研究特定功能主要存在于哪些物种,同时可以分析特定物种所具有的主要功能。本研究对属分类学水平上相对丰度排名前 15 的物种及所对应的功能进行分析。由图 3-13 可知,*Prevotella* 和 *Bacteroides* 菌属是 GHs(Glycoside Hydrolases)、GTs(Glycosyl Transferases)、CEs(Carbohydrate Esterases)、CBM(Carbohydrate-Binding Modules)、AAs(Auxiliary Activities)和 PLs(Polysaccharide Lyases)这六种功能的主要贡献者。*Prevotella* 菌属的相对丰度随粗饲料在瘤胃内停留时间的延长逐渐降低。*Alistipes* 菌属同样参与了上述的六种功能,但 *Alistipes* 菌属的相对丰度随粗饲料在瘤胃内停留时间的延长是升高的。

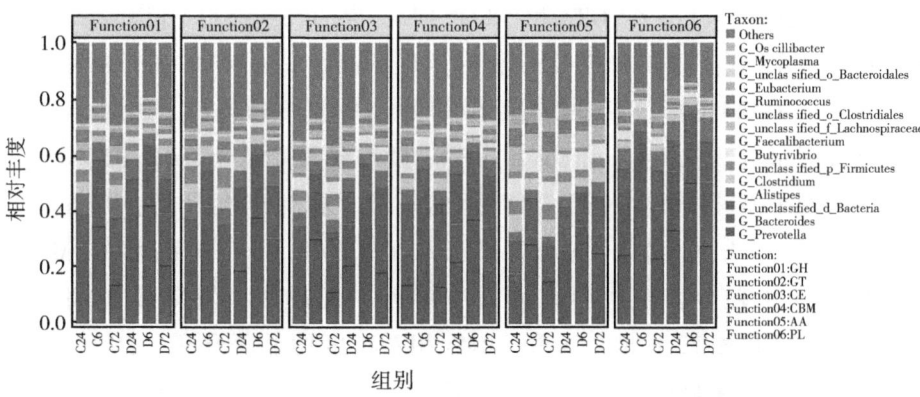

图 3-13 物种与功能贡献度分析(见文末彩图)

图 3-14 展示的是物种与功能回归分析的结果,该分析用于评估物种与功能的一致性。本试验物种与功能回归分析结果表明:微生物群落的功能相似性和物种组成相似性之间具有显著相关性($R^2=0.9969$,$P<0.01$)。

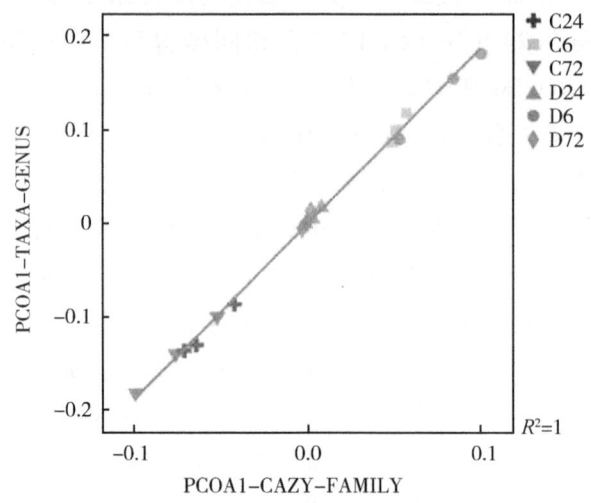

图 3-14　物种与功能回归分析

（三）CAZymes 组成与功能分析

本试验共比对到 454 个酶，包括 16 个 AAs、61 个 CBMs、16 个 CEs、230 个 GHs、73 个 GTs 和 58 个 PLs。从图 3-15 中可以看出，粗饲料降解过程中，六类酶中 GHs 相对丰度最高，并且 GHs 在 6 h 时相对丰度最高，在 24 h 和 72 h 均呈下降趋势（$P<0.05$）。PLs 相对丰度同样在 6 h 时最高，在 24 h 和 72 h 相对丰度均显著降低（$P<0.05$）。GTs 相对丰度随粗饲料在瘤胃内停留时间的延长，相对丰度升高，与 6 h 相比，24 h 和 72 h 时 GTs 相对丰度显著升高（$P<0.05$）。CEs 和 CBMs 呈现相似的变化趋势，粗饲料在瘤胃中停留时间越长，其丰度越高，与 6 h 相比，24 h 和 72 h 时 CEs 和 CBMs 相对丰度均显著升高（$P<0.05$），但 24 h 和 72 h 无显著差异（$P>0.05$）。

在粗饲料降解过程中，与对照组相比，在 6 h 时，茶多酚组显著降低 GHs 和 PLs 的相对丰度（$P<0.05$），显著提升 GTs 的相对丰度（$P<0.05$）。在 24 h 时，茶多酚组显著降低 CBMs 和 PLs 的相对丰度（$P<0.05$），提升 CEs 和 AAs 的相对丰度（$P<0.05$）；而 72 h 时，茶多酚组显著降低 GHs、GTs 和 PLs 的相对丰度（$P<0.05$），显著提升 CEs 和 AAs 的相对丰度（$P<0.05$）。

第三章 茶多酚对奶牛瘤胃粗饲料降解及微生物黏附规律的影响

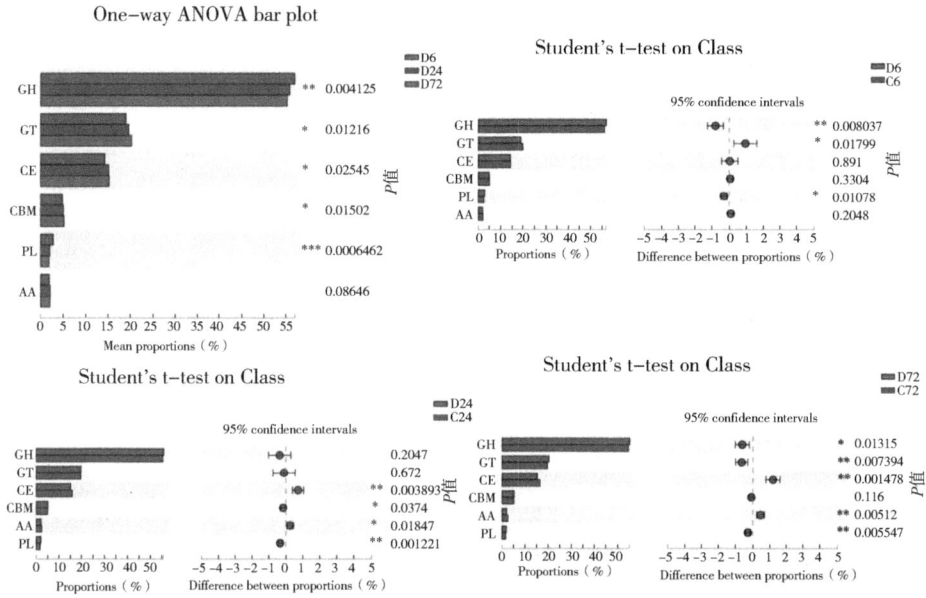

图 3-15 宏基因组学 Class 水平 CAZymes 丰度差异分析（见文末彩图）

图 3-16 展示的为相对丰度排名前 15 位的 Family 水平的 CAZymes 差异性分析结果。本研究发现，粗饲料在瘤胃中停留时间的变化主要影响 GHs、GT 和 CEs 等三大类 CAZymes 酶的相对丰度。结果表明，GH2、GH28、GH31 和 GH95 等随粗饲料在瘤胃内停留时间的延长，相对丰度呈下降趋势；CE1、GT4、GT41、GH78、GH92 和 GH106 等随粗饲料在瘤胃内停留时间的延长，相对丰度呈上升趋势。

与对照组相比，在 6 h 时，茶多酚组显著降低 GH2 的相对丰度（$P<0.05$），提升 GT4 和 GH92 的相对丰度（$P<0.05$）；在 24 h 时，茶多酚组显著降低 GT41、GH92、GH97 和 GH106 的相对丰度（$P<0.05$），提升 CE1、CE10、GH3、GH78、GT41 和 GH94 的相对丰度（$P<0.05$）；在 72 h 时，多酚组显著降低 GT4、GT41、GH29、GH92 和 GH97 的相对丰度（$P<0.05$），提升 CE10、GH3、GH78、GH94 和 AA6 的相对丰度（$P<0.05$）。由此可以看出，对照组与多酚组相比，6 h 和 24 h 时微生物功能发生了显著变化，而茶多酚对 24 h 和 72 h 时黏附在粗饲料上的微生物功能的影响较为相似。

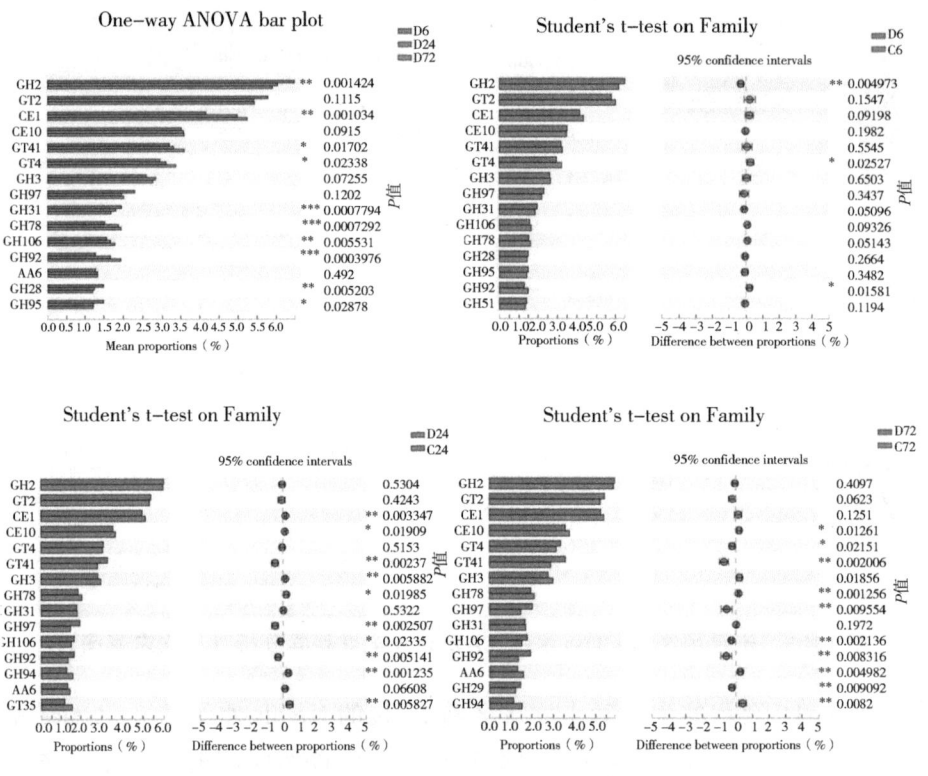

图 3-16　宏基因组学 Family 水平 CAZymes 丰度差异分析（见文末彩图）

Family 水平 CAZymes 酶与粗饲料营养成分降解率的 spearman 相关性分析结果如图 3-17 所示。由图 3-17 可知，GH78 和 CE1 与粗饲料瘤胃的 DM、NDF 和 ADF 降解率显著正相关（$P<0.05$）。GH2、GH28、GH31、GH97 和 GT2 等与饲料瘤胃的 DM、NDF 和 ADF 降解率呈现显著负相关（$P<0.05$）。

三、讨论

瘤胃微生态系统是一个复杂的生态系统，里面栖息着数以万计的微生物。诸多试验研究表明，采用 16S rRNA 基因高通量测序的方法，虽然可以分析黏附在粗饲料上的菌群结构动态的变化，但是不能够对其功能进行全面解析。宏基因组学是对整个生物群落的遗传物质进行研究，可以同时得到微生物的多样性和功能信息能够在功能上对 16S rRNA 基

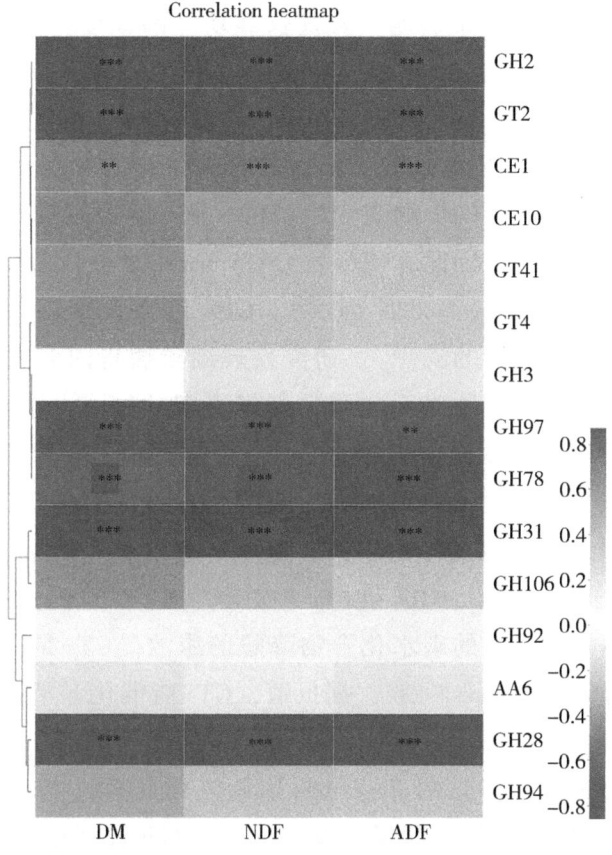

图 3-17　Family 水平 CAZymes 酶与粗饲料降解率的
spearman 相关关系（见文末彩图）

因的测序结果进行补充完善[69,70]。越来越多的瘤胃宏基因组学研究揭示了瘤胃内功能基因的理化特性，为评价瘤胃微生物系统发育与功能的关系提供了新思路[178]。通过分析奶牛瘤胃中 CAZymes 调控基因的丰度和种类有助于阐明纤维的降解特征。因此，本章节在第二节试验结果的基础上采用宏基因组学的方法研究粗饲料降解过程中微生物菌群的功能，为粗饲料的高效利用奠定基础。

CAZymes 能够在不同的生态系统中参与碳水化合物代谢、蛋白质糖基化、植物生物量合成和降解等生物过程[179]。本试验研究发现，富集基因所编码的 CAZymes 包括 AAs、CBMs、CEs、GHs、GTs 和 PLs。物种与功能贡献度分析结果表明，参与这些功能的丰度排名前 15 位的物种主要归属于 Firmicutes 和 Bacteroidetes 两个菌门。粗饲料降解过程中，GHs 的相对丰度在这 6 种 CAZymes 中最高，其相对丰度随粗饲料在瘤胃内停留时间的延长呈下降趋势，GHs 的相对丰度在 6 h 最高，72 h 最低。PLs 的变化趋势同 GHs 的变化趋势相一致。研究发现 GHs 编码基因在基因组中分布最广，因此，GHs 在 CAZymes 中最具代表性，这也阐明了本试验中 GHs 丰度最高的原因[180]。GHs 包含大量参与淀粉、纤维素、木聚糖等多糖代谢的酶[181]。研究发现湖羊瘤胃内有大量的 GHs 酶存在，这说明瘤胃微生物具有较强的纤维降解功能[182]。此外，研究表明 PLs 可以裂解酸性多糖中的糖苷键[181]，PLs 和 GHs 能够参与两个糖单位之间或一个糖和一个非糖部分之间的糖苷键的裂解[183]。上述文献表明 GHs 和 PLs 在多糖的降解中具有重要作用。本研究发现随粗饲料在瘤胃内停留时间的延长，GHs 和 PLs 相对丰度随之下降，这可能是由于降解初期主要是可溶性的碳水化合物降解的缘故。GTs 是荷斯坦奶牛瘤胃中第二丰富的 CAZymes 家族，据报道，GTs 能催化激活寡糖或糖苷键与不同的受体（如蛋白质、核酸、寡糖、脂质和小分子）结合[184]。本试验中 GTs 也是第二丰富的 CAZymes 家族，并且 GT2 和 GT4 是 GTs 主要组成部分，这同前人在荷斯坦奶牛瘤胃中的研究结果相一致[185]。AAs 是一组木质素分解酶或多糖分解单氧酶，AAs 能与其他 CAZymes 酶类共同作用[181]。本试验结果表明 AAs 相对丰度降低，这是因为木质素分解过程中对氧气的需求而在瘤胃内氧气稀少，因此，木质素的降解是有限的[186]。CBMs 使 CAZymes 能够与它们的基质结合[187]。CBM3 能与结晶纤维素结合，其在植物细胞壁生物质结晶纤维素的消化过程中起重要作用[188]。本试验研究表明，AAs 和 CBMs 随着粗饲料在瘤胃中停留时间的延长，其相对丰度增加，这是由于降解初期主要是降解可溶性的碳水化合物降解，后期粗饲料的降解主要为木质素成分的降解。

CE1 是 CE 家族的主要成员，由 CE1 家族编码的阿魏酯酶是植物纤维降解的必需酶[189]。本试验研究表明，CEs 在粗饲料瘤胃中停留时间越长，其丰度越高，茶多酚组显著提升 24 h 和 72 h 的 CEs 的相对丰度。

Spearman 相关性分析表明，GH78 和 CE1 与粗饲料瘤胃的 DM、NDF 和 ADF 降解率显著正相关。与对照组相比，茶多酚组显著升高 24 h 时 CE1 的相对丰度，茶多酚组显著提升 24 h 和 72 h 时 GH78 的相对丰度。有学者采用宏基因学的方法研究荷斯坦奶牛饲喂高粗料（70%粗料）和低粗料（30%粗料）对瘤胃微生物的影响，结果表明，GH78 相对丰度在高粗料动物体显著提升，这表明 GH78 具有较强的纤维降解能力[190]。综合以上研究结果可以看出，日粮中添加茶多酚通过提高 CE1 和 GH78 的相对丰度，提高纤维的降解能力。

四、小结

本试验研究表明，*Firmicutes* 和 *Bacteroidetes* 是纤维素酶的主要来源，是瘤胃中粗饲料的主要降解菌。日粮中添加茶多酚显著提升 CE1 和 GH78 的相对丰度。Spearman 相关性分析表明，GH78 和 CE1 与粗饲料瘤胃的 DM、NDF 和 ADF 降解率显著正相关。因此，日粮中添加茶多酚通过影响 CE1 和 GH78 的相对丰度，从而提高纤维的降解能力。

第四章 茶多酚对奶牛瘤胃微生物与宿主互作的影响

随着我国奶牛养殖水平的大幅提高，奶牛的产奶量也随之递增。奶牛产奶量增加的同时加大了奶牛自身的代谢强度，从而会导致奶牛机体产生大量的自由基。如果机体氧化还原状态失衡，会导致奶牛生产性能、炎症应答能力以及免疫功能下降[191]。因此，如何维持奶牛机体氧化还原系统的平衡，减少氧化应激对奶牛造成的危害显得尤为重要。抗生素长期以来被用于疾病预防、疾病治疗和促进生长[117]。由于我国对饲料抗生素使用措施的调整，植物活性物质多酚在畜牧业生产中的应用越来越受到关注。近年来，为了提高反刍家畜的健康和生产力，研究人员开始更仔细地研究多酚在反刍动物营养中的应用。茶多酚作为天然的抗氧化剂，具有促进反刍动物生长和改善机体健康状态的生物学活性，提升了奶牛的生产性能[91,191]。

反刍动物的瘤胃是其进行营养物质消化和吸收的重要器官。瘤胃微生物能够对反刍动物采食的饲料进行发酵和降解，为宿主的生长、繁殖和泌乳提供营养物质[25]。瘤胃内的微生物通过发酵饲料合成 VFA 和 MCP 等营养物质与宿主建立联系，从而协助动物机体完成多种生理活动。瘤胃上皮在营养物质的吸收和转运方面具有重要作用，是宿主和微生物代谢相互作用的特定场所。研究表明，尿素转运蛋白（Urea Transporter，UT）对动物体内尿素代谢的调节具有重要作用[192]。Lin 等（2019）研究表明，饲喂开食料的羔羊瘤胃上皮与细胞生长的相关的 7 个基因显著上调，与凋亡相关的 BAD 基因显著下调[120]。经过相关性分析发现，瘤胃内乙酸和丁酸浓度的升高与上述基因的表达显著相关，这表明，VFA 可能是瘤胃微生物区系与宿主互作的关键驱动因素。因此，研究茶多酚对奶牛瘤胃的发酵状态和瘤胃上皮细胞转运蛋白的影响，具有重要意义。

iTRAQ 蛋白质组学技术已经被广泛应用在生产领域，可用于进行蛋白质表达谱的分析以及生物标志物的鉴定[193]。蛋白质组学技术的发展为研究茶多酚对瘤胃上皮细胞转运蛋白的表达以及瘤胃上皮与宿主代谢之间的相互关系奠定了技术基础。因此，本试验采用离子色谱仪、16S rRNA 基因高通量测序和 iTRAQ 蛋白质组学等技术通过测定奶牛的血液生化指标、抗氧化指标、瘤胃发酵参数、瘤胃菌群结构以及瘤胃上皮蛋白表达的情况来全面解析茶多酚对奶牛抗氧化能力、瘤胃发酵状态和瘤胃上皮细胞转运功能的影响。为茶多酚在奶牛生产上的精准应用提供理论参考。

第一节 茶多酚对奶牛血液指标、瘤胃发酵参数和微生物区系的影响

一、材料与方法

（一）试验材料

本试验选用的茶多酚购自西安瑞林生物科技有限公司。

（二）试验设计

本试验选取装有永久瘘管的荷斯坦奶牛进行试验。本试验共分为 2 组，即对照组（CON）和茶多酚组（TP），每组 3 头瘘管奶牛。对照组奶牛饲喂基础日粮，茶多酚组在奶牛的日粮中添加 1% DM 的茶多酚（添加剂量由第二章体外培养试验筛选而来）。试验期 28 d，第 29 天采集血液、瘤胃液和瘤胃上皮试验样品。试验动物的日粮组成为（干物质基础）精料补充料 45%（禾丰牧业股份有限公司），玉米青贮 25%，苜蓿 15%，花生秧 15%。试验期间，观察和统计试验牛每天的采食量，每天饲喂试验牛相等质量的日粮。

（三）试验动物及饲养管理

同第三章第一节（三）部分。

(四) 测定指标与测定方法

1. 奶牛血液生化指标的测定

在试验第 29 天晨饲前对每头试验牛进行尾根静脉采血，每头牛采集 10 mL 血液，3 000 r/min 离心 10 min 后取血清。采用 Chemray 240 全自动血液生化分析仪（深圳雷杜生命科技，深圳，中国）测定谷丙转氨酶（ALT）、谷草转氨酶（AST）、葡萄糖（GLU）、甘油三酯（TG）、胆固醇（CHO）、低密度脂蛋白胆固醇（LDL）、高密度脂蛋白胆固醇（HDL）和尿素氮（BUN）等指标。

2. 奶牛血液抗氧化指标的测定

总抗氧化能力（T-AOC）、谷胱甘肽过氧化物酶（GSH-Px）、超氧化物歧化酶（SOD）和丙二醛（MDA）等奶牛血液的抗氧化指标采用南京建成生物工程研究所的试剂盒测定。

3. 奶牛瘤胃发酵参数的测定

瘤胃液 pH 测定同第三章第一节（四）部分；NH_3-N 测定同第二章第一节（六）部分；VFA 测定同第二章第二节（四）部分。

4. 奶牛瘤胃微生物多样性的测定

瘤胃液样品采集同第三章第一节（四）部分，瘤胃液微生物的测定分析同第三章第二节（四）部分。

(五) 数据统计分析

试验数据用 SPSS 18.0 软件（IBM，New York，United States）进行分析。血液生化指标、抗氧化指标和瘤胃发酵参数数据采用独立样本 T 检验分析。试验结果用平均数和标准误表示。以 $P<0.05$ 为显著性差异，$0.05<P<0.1$ 为存在显著性差异的趋势。

二、试验结果

(一) 茶多酚对奶牛血液生化指标的影响

表 4-1 展示的为茶多酚对奶牛血液生化指标的影响结果。由表 4-1 可知，日粮中添加茶多酚对奶牛血液中的 ALT、AST 和 BUN 等生化指标未产生显著影响（$P>0.05$）。

第四章 茶多酚对奶牛瘤胃微生物与宿主互作的影响

表 4-1 茶多酚对奶牛血液生化指标的影响

指标	对照组（CON）	茶多酚组（TP）	SEM	P 值
谷丙转氨酶 ALT（U/L）	17.63	16.35	0.75	0.166
谷草转氨酶 AST（U/L）	29.23	30.38	1.23	0.405
尿素氮 BUN（mg/dL）	10.69	10.44	0.41	0.579
葡萄糖 GLU（mmol/L）	4.40	4.52	0.15	0.484
甘油三酯 TG（mmol/L）	0.35	0.36	0.003	0.954
胆固醇 CHO（mmol/L）	2.55	2.91	0.37	0.101
高密度脂蛋白胆固醇 HDL（mmol/L）	1.16	1.29	0.08	0.180
高密度脂蛋白胆固醇 LDL（mmol/L）	0.32	0.33	0.05	0.849

（二）茶多酚对奶牛血液抗氧化指标的影响

表 4-2 展示的是茶多酚对奶牛血液抗氧化指标的影响结果。由表 4-2 可知，日粮中添加茶多酚显著提升了奶牛血液中 T-AOC 和 GSH-PX 指标含量（$P<0.05$），但对 SOD 和 MDA 的含量未产生显著影响（$P>0.05$）。

表 4-2 茶多酚对奶牛血液抗氧化指标的影响

指标	对照组（CON）	茶多酚组（TP）	SEM	P 值
总抗氧能力 T-AOC（U/mL）	5.92	7.65	0.45	0.019
谷胱甘肽过氧化物酶 GSH-PX（U/mL）	59.20	70.40	3.58	0.035
超氧化物歧化酶 SOD（U/mL）	244.56	250.63	12.12	0.642
丙二醛 MDA（nmol/mL）	1.85	1.98	0.21	0.568

（三）茶多酚对奶牛瘤胃发酵参数的影响

表 4-3 展示的为茶多酚对奶牛瘤胃发酵参数的影响结果。由表 4-3 可知，日粮中添加茶多酚显著降低了瘤胃液中 NH_3-N 含量（$P<0.05$）；日粮中添加茶多酚有提升瘤胃液中丙酸浓度和降低乙酸/丙酸比值的趋势（$0.05<P<0.1$），但对乙酸和丁酸的含量未产生显著影响（$P>0.05$）。

表 4-3 茶多酚对奶牛瘤胃发酵参数的影响

指标	对照组（CON）	茶多酚组（TP）	SEM	P 值
pH 值	6.48	6.57	0.75	0.344
氨态氮 NH_3-N（mmol/L）	16.86	12.90	1.11	0.024
乙酸（mmol/L）	80.62	77.49	3.58	0.461
丙酸（mmol/L）	22.07	24.53	0.97	0.065
乙酸/丙酸	3.66	3.16	0.20	0.064
丁酸（mmol/L）	13.65	12.35	0.76	0.463

（四）茶多酚对奶牛瘤胃微生物区系的影响

1. 原始序列及优化序列信息

本试验瘤胃微生物通过 PE300 平台测序，6 个瘤胃液样品共得到 279 739 768 个碱基，经过优化筛选后共得到 192 175 674 个碱基，平均序列长度为 414.56 bp（表 4-4）。

表 4-4 原始序列及优化序列信息

Amplified Region	Raw reads	Sequences	Total base	Effective bases	Average length
16S V3-V4	464 684×2	464 684	279 739 768	192 175 674	413.56

注：Amplified Region 代表扩增区域；Raw reads 代表原始序列数；Total base 代表总碱基数目；Effective bases 代表有效碱基数目；Average length 代表有效序列长度。

2. 奶牛瘤胃微生物物种差异分析

本试验 LEfSe 差异分析结果如图 4-1 所示。通过 LEfSe 差异分析发现（图 4-1），与对照组相比，茶多酚组瘤胃液样本中 *Rikenellaceae_RC9_gut_group*、*Ruminococcaceae_NK4A214_group* 和 *Butyrivibrio_2* 等微生物显著富集。而 *Fusobacterium* 在对照组中显著富集。

3. 瘤胃发酵参数与微生物之间的相关关系

瘤胃发酵参数和微生物之间的 Spearman 相关性分析结果如图 4-2 所示。由图 4-2 可知，*Anaeroplasma* 与乙酸/丙酸比值显著负相关（$P<0.05$）。*Escherichia-Shigella*、*Komagataeibacter*、*Lactobacillus*、*Vibrio* 和 *Moritella* 均与丙酸显著负相关（$P<0.05$），但与乙酸/丙酸比值和丁酸显著正相关（$P<$

第四章　茶多酚对奶牛瘤胃微生物与宿主互作的影响

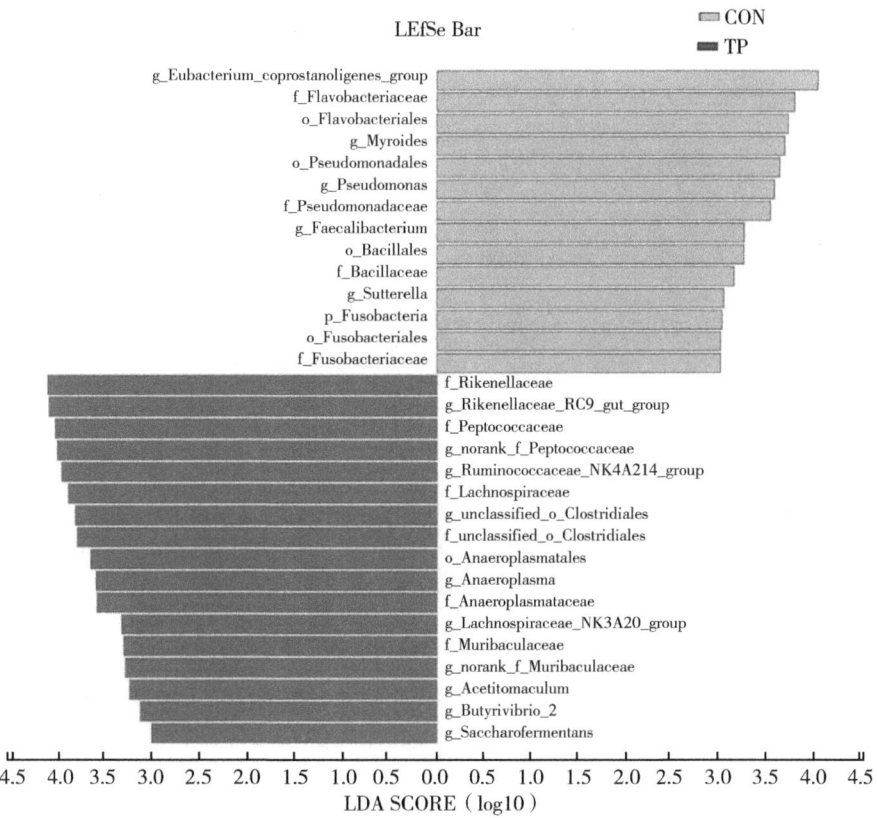

图 4-1　LEfSe 多级物种差异判别分析

注：CON 代表对照组；TP 代表茶多酚组。

0.05）。*Rikenellaceae_RC9_gut_group* 和 *Christensenellaceae_R-7_group* 与丙酸显著正相关（$P<0.05$），但与乙酸/丙酸比值显著负相关（$P<0.05$）。

三、讨论

（一）茶多酚对奶牛血液生化和抗氧化指标的影响

动物机体对营养物质的吸收和转运需要经过血液承载，血液中诸多生化指标的变化均与机体的生理状况密切相关，因此，可以通过血液生化指标的变化来了解机体营养物质的转运和吸收利用情况。有研究发现，单宁酸降解生成的酚类物质经血液流至肝脏，如果其含量超过肝脏

茶多酚调控奶牛低碳养殖的关键路径

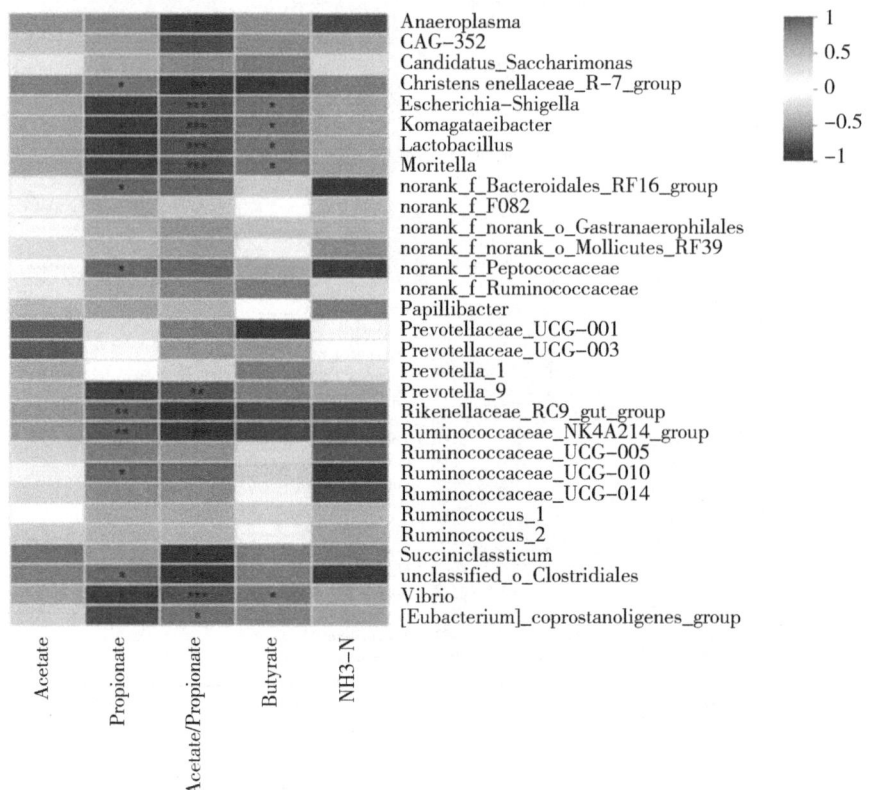

图 4-2 瘤胃（属水平）微生物（TOP 30）和环境因子之间的相关性分析（见文末彩图）

的解毒上限，动物机体会出现中毒症状[194]。本研究结果表明，日粮中添加茶多酚对奶牛血液中的谷丙转氨酶和谷草转氨酶未产生显著影响。这表明日粮中添加 1% 的茶多酚对肝脏无副作用。此外，本研究发现，日粮中添加茶多酚显著提升奶牛血液中 T-AOC 和 GSH-PX 指标含量，这与张培军（2017）在奶牛血清和乳清中的研究结果相一致，即日粮中添加茶多酚可以提高奶牛乳清和血清中 T-AOC 和 GSH-PX 水平，改善奶牛的抗氧化性能[91]。这是由于茶多酚是一种还原剂，其能够将自由基还原成比较稳定的化合物，从而达到清除体内有害自由基，提高机体抗氧化能力的目的[195]。茶多酚还能够协同 SOD、GSH-PX 和 GSH 等抗氧化酶来发挥机体的防御作用，避免机体遭受氧化损伤[191]。

（二）茶多酚对奶牛瘤胃发酵参数和微生物区系的影响

氮在瘤胃中的存留率是反刍动物研究上评价饲料蛋白利用效率的重要指标[136]。NH_3-N 是饲料中蛋白质、非蛋白氮和内源的氮化合物在瘤胃内经微生物降解生成的重要产物，并且 NH_3-N 也可以作为微生物生长的重要氮源，因此，瘤胃内 NH_3-N 的浓度一定程度上可以反映瘤胃的氮存留率[196]。瘤胃中的微生物对 NH_3-N 的利用是一个复杂的过程，而日粮是影响这个过程的重要因素[197]。本研究结果表明，在日粮中添加茶多酚显著降低了奶牛瘤胃液中 NH_3-N 含量。熊颖（2016）研究表明，添加板栗多酚可以降低瘤胃 NH_3-N 浓度，本试验结果与其相吻合[136]。有研究表明，单宁酸能够与饲料中的粗蛋白和瘤胃微生物产生的细胞酶结合，从而抑制瘤胃微生物对蛋白的降解，从而减少瘤胃内 NH_3-N 的浓度[130]。因此，茶多酚可能与瘤胃蛋白相结合形成不能够被降解的复合物从而降低了 NH_3-N 浓度，另一方面可能与瘤胃内原虫活力的降低有关。

瘤胃微生物发酵饲料产生的 VFA 是反刍动物机体和瘤胃微生物的重要的能量来源，占其能量吸收的 70%~80%[135]。瘤胃中 VFA 的浓度受到日粮组成和营养成分、日粮的物理结构、饲喂方式、饲料添加剂、瘤胃微生物的种类和数量以及瘤胃壁对其的吸收速度等多种因素的影响[198]。在日粮中添加单宁酸能够影响瘤胃 VFA 浓度和组成。杨凯（2017）研究表明，在肉牛日粮中添加单宁酸显著增加了丙酸浓度并降低了乙酸/丙酸比值。本试验研究发现，日粮中添加茶多酚有提升瘤胃液中丙酸浓度和降低乙酸/丙酸的比值的趋势，与杨凯的研究结果相似。我们进一步通过 16S rRNA 基因高通量测序技术发现，*Ruminococcaceae_NK4A214_group* 在茶多酚组显著富集。通常情况下，日粮中精料比例大更有利于丙酸的发酵。有学者通过比较饲喂高精饲料日粮和高粗饲料日粮对瘤胃微生物的影响发现，*Ruminococcaceae_NK4A214_group* 在高精料日粮中显著富集，并且与 VFA 的生成显著相关[199]。因此，这表明茶多酚可能通过调控瘤胃微生物的相对丰度，从而改变了奶牛瘤胃中 VFA 的组成。

本试验通过 LEfSe 差异分析发现，与对照组相比，茶多酚组瘤胃液样本

中 *Rikenellaceae_RC9_gut_group*、*Anaeroplasma*、*Lachnospiraceae_AC2044_group* 和 *Butyrivibrio_2* 等微生物显著富集。而 *Fusobacterium* 在对照组中显著富集。高岩等（2020）通过犊牛试验研究发现，与饲喂酸化奶组的犊牛相比，饲喂巴氏杀菌乳组的犊牛粪便评分和腹泻率显著上升，粪便中 *Fusobacterium* 也显著上升[200]。李昆（2016）在猪上的研究也得到了相似结果[201]，上述两个试验证实 *Fusobacterium* 与动物的腹泻存在紧密关系。国外学者研究指出，*Rikenellaceae* 属于有益菌，具有肠道保护功能[202]。综上可以看出，日粮中添加茶多酚能够抑制瘤胃中的有害菌，促进有益菌生长的功效。有研究表明，在饲喂高纤维日粮的动物中归属于厚壁菌门的纤维分解菌中的 *Lachnospiraceae* 的相对丰度显著提高[203]。本研究中茶多酚组瘤胃液中 *Lachnospiraceae_AC2044_group* 显著富集，这表明奶牛采食茶多酚可能会促进纤维的降解。此外，有研究通过将微生物与饲料效率进行相关分析发现，*Anaeroplasma* 和 *Butyrivibrio_2* 与饲料效率显著相关[204]，这进一步表明日粮中添加茶多酚或许能提高动物机体的饲料效率，也进一步证实了本研究中茶多酚能够提高粗饲料降解率的结果。

四、小结

日粮中添加茶多酚显著提升了奶牛血液中 T-AOC 和 GSH-PX 指标含量，提升机体的抗氧化能力；日粮中添加茶多酚显著提升 *Ruminococcaceae_NK4A214_group*、*Rikenellaceae_RC9_gut_group*、*Anaeroplasma*、*Lachnospiraceae_AC2044_group* 和 *Butyrivibrio_2* 等对机体有益的微生物的相对丰度，有提升瘤胃液中丙酸浓度和降低乙酸/丙酸比值的趋势，影响了奶牛瘤胃的发酵模式。

第二节 茶多酚对奶牛瘤胃上皮细胞转运的影响

一、材料与方法

（一）试验材料

同第三章第一节（一）部分。

(二) 试验设计

同第四章第一节（二）部分。

(三) 试验动物及饲养管理

同第三章第一节（三）部分。

(四) 测定指标与测定方法

1. 奶牛瘤胃上皮蛋白质组学分析

在试验第 29 天晨饲后 2 h 通过瘤胃瘘管采集每头试验牛的瘤胃壁乳头，每头牛采集 20 个。瘤胃上皮乳头的具体采集方法参照王笑笑论文[197]。样品采集后迅速放入液氮中，带回实验室-80℃保存待测。蛋白质组学分析流程如图 4-3 所示。

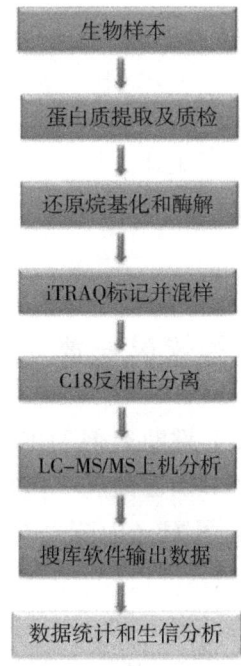

图 4-3 分析流程图

（1）蛋白质提取及质量检测

①在低温环境下将部分样品转移到 MP 振荡管中，然后加入适量含

蛋白酶抑制剂的蛋白裂解液（8 mol/L 尿素+1% SDS）；

②采用高通量组织研磨仪进行振荡，每次 180 s，一共振荡 3 次；

③置于冰块上裂解 30 min，裂解期间每隔 5 min 需进行涡旋混匀 5~10 s；

④在 4℃条件下，13 000 g 离心 30 min，取上清液即为蛋白提取物；

⑤采用 BCA 法对蛋白浓度进行定量，本试验样品蛋白质浓度详见表 4-5。然后采用 SDS-PAGE 电泳对蛋白质量进行评价分析，判断提取的蛋白质量是否满足后续的实验要求。

表 4-5　样品蛋白质浓度（$n=3$）

序号	组别	样品名称	蛋白浓度（μg/μL）	蛋白总量（μg）
1	对照组（CON）	1_1D	10.27	2 671
2	对照组（CON）	2_1D	9.11	2 368
3	对照组（CON）	3_1D	8.93	2 322
4	茶多酚组（TP）	1_1C	8.44	2 194
5	茶多酚组（TP）	2_1C	8.41	2 186
6	茶多酚组（TP）	3_1C	8.67	2 255

（2）还原烷基化和酶解

①取 100 μg 蛋白样品于离心管中，补充裂解液，加入终浓度 100 mmol/L 三乙基碳酸氢铵缓冲液（Triethylammonium bicarbonate buffer，TEAB）；

②加入终浓度 10 mmol/L 键断裂剂 TCEP 溶液，37℃下反应 60 min；

③加入终浓度 40 mmol/L 碘乙酰胺，室温下避光反应 40 min；

④每管中各加入预冷的丙酮（丙酮：样品体积比=6:1），然后在 -20℃环境下沉淀 4 h；

⑤10 000 g 离心 20 min，取沉淀；

⑥用 100 μL 100 mmol/L TEAB 充分溶解样品；

⑦按照质量比 1:50（酶:蛋白）加入胰蛋白酶，在 37℃环境下过夜酶解。

（3）iTRAQ 标记并混样

①胰蛋白酶消化后，用真空泵抽干肽段；用 0.5 mol/L TEAB 重新

第四章 茶多酚对奶牛瘤胃微生物与宿主互作的影响

复溶肽段；

②取出-20℃低温环境下保存的iTRAQ试剂（AB Sciex，Massachusetts，United States）待恢复至室温，10 000 g 离心 20 min，加入 242 μL 异丙醇，2 000 r/min 涡旋离心 10 min，每 100 μg 多肽中加入 1 管 iTRAQ 试剂，然后在室温下孵 2 h；

③加入 50 μL 超纯水，室温静置 30 min；

④将每组中等量标记产物混合于一管中，采用真空浓缩仪（华美生化仪器厂，太仓，中国）抽干（表4-6）。

表4-6 蛋白样品标记序列表

标记	iTRAQ8-113	iTRAQ8-114	iTRAQ8-117	iTRAQ8-118	iTRAQ8-119	iTRAQ8-121
样品	CON1	CON2	CON3	TP1	TP2	TP3

（4）C18反向柱分离

用高效液相色谱仪（Thermo SCIENTIFIC Vanquish F UHPLC，Waltham，Milford，United States）的上样缓冲液对多肽样品进行复溶，然后用反向C18柱（ACQUITY UPLC BEH C18 Column 1.7 μm，2.1 mm×150 mm，Waters，Milford，United States）进行高pH值液相分离。流动相A为2%乙腈（氨水调pH值至10），流动相B为80%乙腈（氨水调pH值至10），流速为200 μL/min，紫外检测波长为214 nm。分离梯度和时间设置如表4-7所示。最后根据峰型以及时间共收取30个馏分，将其合并成15个馏分，进行真空离心浓缩（Rotation vacuum concentration，Christ RVC 2-25，Christ，Germany）后，用质谱上机缓冲液进行溶解后，进行第二维分析。

表4-7 高效液相梯度设置

时间（min）	A（%）	B（%）
0	100	0
16	100	0
17	96.2	3.8
34	76	24

(续表)

时间（min）	A（%）	B（%）
37	70	30
38	57	43
39	0	100
44	100	0
47	100	0

（5）液相串联质谱

液相色谱分离时间为 90 min，流动相 A：2%乙腈，0.1%甲酸；B：80%乙腈，0.1%甲酸，流速设置为 300 nL/min。液相色谱分离梯度和时间设置如表 4-8 所示。质谱扫描鉴定时采用 DDA 采集模式，在质荷比 m/Z 350~1 300 范围内选择 20 个强度最高的母离子 20 个进行二级碎裂。

表 4-8　EASY-nLC 液相梯度

时间（min）	A（%）	B（%）
0	100	0
44	95	5
54	77	23
60	71	29
61	62	38
62	52	48
75	0	100
76	0	0
90	stop	stop

（6）数据库搜索

数据库搜索采用的软件为 Proteome Discoverer，将原始文件上传到 Proteome Discoverer 服务器，选择 Uniprot 数据库进行数据搜索。数据库搜索参数如表 4-9 所示。最终结果的过滤参数设置为 Peptide FDR ≤0.01。

第四章 茶多酚对奶牛瘤胃微生物与宿主互作的影响

表 4-9 Proteome Discoverer 搜索参数

项目	参数值
软件版本 Proteome Discoverer Version	2.2
蛋白质数据库 Protein Database	uniprot-taxonomy%3A9913.fasta
半胱氨酸烷基化 Cys alkylation	Iodoacetamide
动态修饰 Dynamic Modification	Oxidation（M），Acetyl（Protein N-Terminus），iTRAQ8plex（Y）
静态修饰 Static Modification	iTRAQ8plex（K），iTRAQ8plex（N-Terminus），Carbamidomethyl（C）
酶切方式 Enzyme Name	胰蛋白酶（完全酶切）
最大漏切位点数 Max. Missed CleavageSites	2
前体质量容差 Precursor MassTolorance	20 ppm
碎片离子质量容差 Fragment MassTolorance	0.05 Da
验证标准 Validation based on	q 值

（7）生物信息学分析

①GO（Gene Ontology）数据库是一个包含全世界所有与基因有关的研究结果的数据库，其能够对基因和蛋白所扮演的角色进行统一的限定和描述。利用 GO 数据库能够对基因及其产物按照其所处的细胞位置（Cellular Component，CC）、具备的分子功能（Molecular Function，MF）和所参与的生物过程（Biological Process，BP）三个方面进行分类注释，详细信息见网站 http://www.geneontology.org。本试验通过 Goatools 软件对蛋白进行 GO 富集分析，以期获得蛋白具有的功能。使用 Fisher 方法进行精确检验，当校正 P 值小于 0.05 时，则认为此 GO 功能存在显著富集情况。

②筛选差异蛋白时将 FC（Fold Change）和 P 值作为标准，当上调蛋白 FC>1.2，下调蛋白 FC<0.83，且 P 值小于 0.05 时，则认为该蛋白在两组间存在显著差异。

2. PRM 蛋白质相对定量法验证差异蛋白

随机挑选 10 个差异蛋白，采用 PRM 的方法验证鉴定到的差异蛋白的表达量。将质检合格的蛋白质样品上机进行液相串联质谱 PRM 检测，采用 Skyline 对 PRM 的原始数据进行提取和分析。

二、试验结果

(一) 蛋白质信息统计表

日粮中添加茶多酚对瘤胃上皮蛋白的质谱分析结果如表 4-10 所示。从表 4-10 中可以看出,本试验一共鉴定到 442 507 个图谱,其中被匹配到的图谱数目为 99 230 个。这些图谱共鉴定到的肽段为 46 393 个,鉴定到的蛋白质数目为 6 051 个。

表 4-10 蛋白质信息 单位:个

总光谱	鉴定光谱	肽数量	蛋白数量	蛋白组数量
442 507	99 230	46 393	16 768	6 051

(二) 瘤胃上皮差异表达蛋白的筛选

iTRAQ 在对照组和茶多酚组间筛选到的差异蛋白个数如图 4-4 所示。差异蛋白筛选时通过 FC (Fold Change) 和 T-test 过滤,当 FC>1.2 且 P<0.05 时视为上调蛋白,当 FC<0.83 且 P<0.05 时视为下调蛋白。

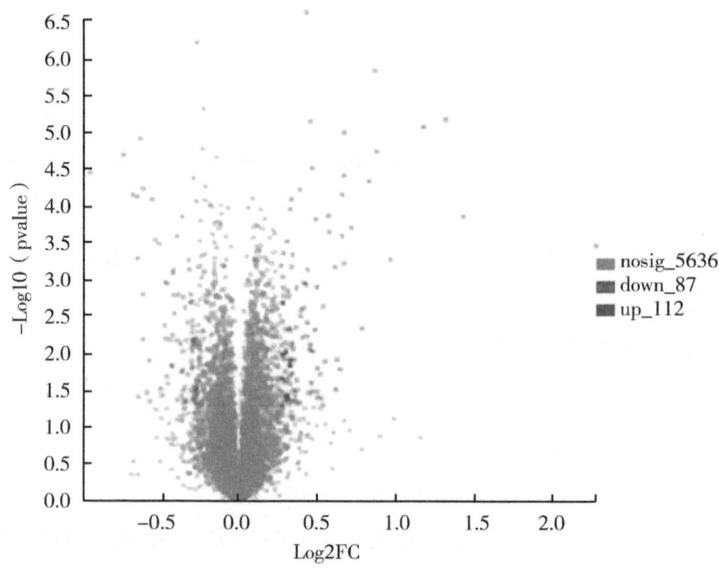

图 4-4 火山图分析差异表达蛋白

本研究中对照组和多酚组共筛选出 199 个差异蛋白（图 4-4），其中上调蛋白 112 个，下调蛋白 87 个。

（三）瘤胃上皮差异表达蛋白的 GO 功能分析

图 4-5、图 4-6 和图 4-7 分别为奶牛日粮中添加茶多酚后，其瘤胃上皮差异表达蛋白在生理过程、细胞组分和分子功能三种类别中排名前 20 的条目。结果表明，与对照组相比，茶多酚的添加使瘤胃上皮差异表达蛋白参与了细胞过程（cellular process）、单个有机体过程（single-organism process）、代谢过程（metabolic process）、生物调节（biological regulation）、刺激反应（response to stimulus）、免疫系统过程（immune system process）和生长（growth）等生理过程。图 4-6 结果显示，瘤胃上皮差异表达蛋白主要分布于细胞组分（cell part）、细胞器（organelle）、细胞膜（membrane）和一些大分子复合物（macromolecular complex）等细胞组分中。图 4-7 结果显示，瘤胃上皮差异表达蛋白

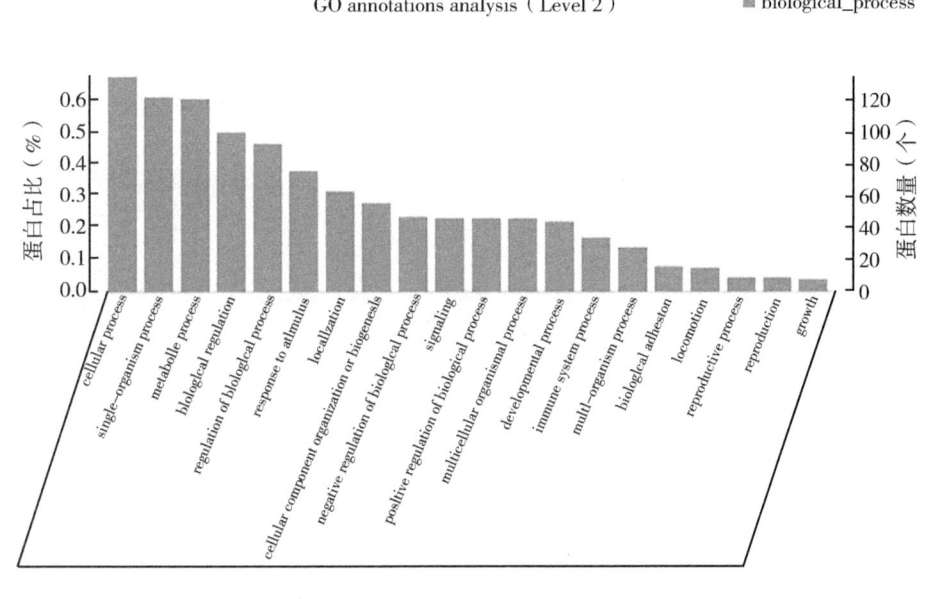

图 4-5　瘤胃上皮细胞差异蛋白参与的生理过程分析

具有结合（binding）、催化活性（catalytic activity）、转运活性（transporter activity）和抗氧化活性（antioxidant activity）等分子功能。

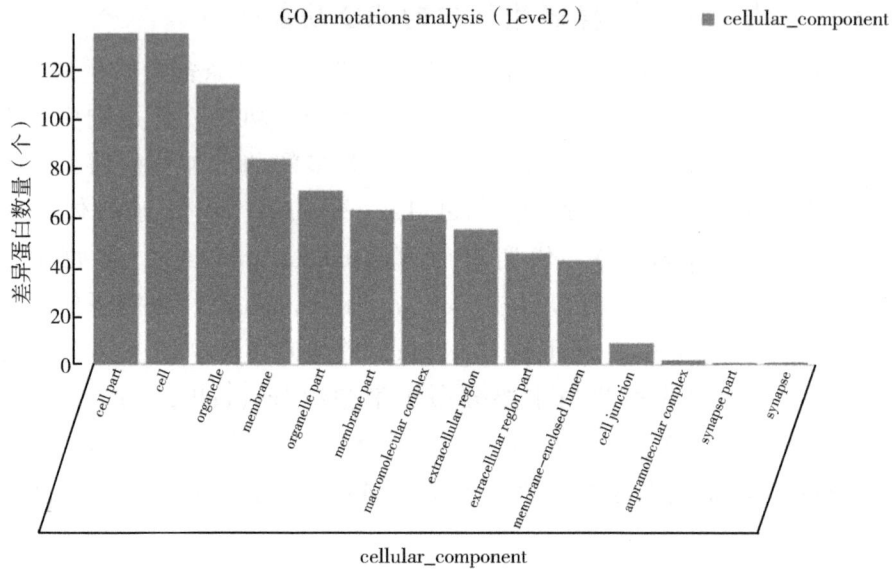

图 4-6　瘤胃上皮细胞差异蛋白的细胞组分分析

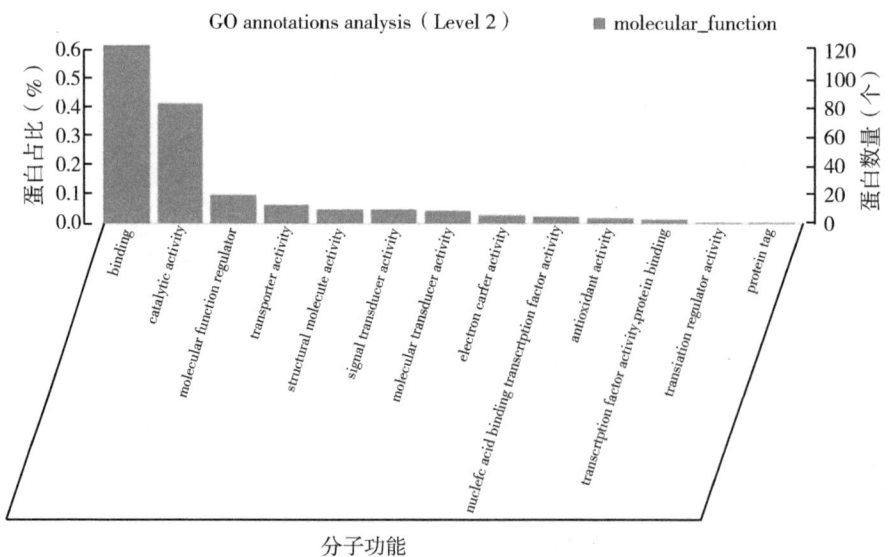

图 4-7　瘤胃上皮细胞差异蛋白的分子功能分析

第四章 茶多酚对奶牛瘤胃微生物与宿主互作的影响

表 4-11 参与 GO 分析中转运活性的差异蛋白变化倍数

基因名称	加入编号	蛋白名称	差异表达倍数	表达
COⅢ	Q6JTG5	Cytochromec oxidase subunit 3	1.53	上调
HBB	D4QBB4	Globin A1	0.80	下降
S100A8	P28782	Protein S100-A8	1.26	上调
FABP1	P80425	Fatty acid-binding protein	1.46	上调
RAB4A	Q2TBH7	Ras-related protein Rab-4A	0.72	下降
SLC2A8	F1MZY9	Solute carrier family 2, facilitated glucose transporter member 8	1.24	上调
RBP4	A0A3Q1MSW9	Retinol-binding protein 4	0.77	下降
LOC107131172	G3N1Y3	GLOBIN domain-containing	0.79	下降
SLC29A1	F6PZI3	Solute carrier family29 member 1	1.25	上调
HBA	P01966	Hemoglobin subunit alpha	0.81	下降
ZFYVE19	Q2HJ64	Zinc finger FYVE-type containing 19	0.80	下降

(四) PRM 验证差异蛋白

图 4-8 展示的为 PRM 验证时的质谱图。PRM 对差异蛋白的验证结果如图 4-9 所示。由图 4-9 可知，验证的 10 个蛋白在对照组和茶多酚

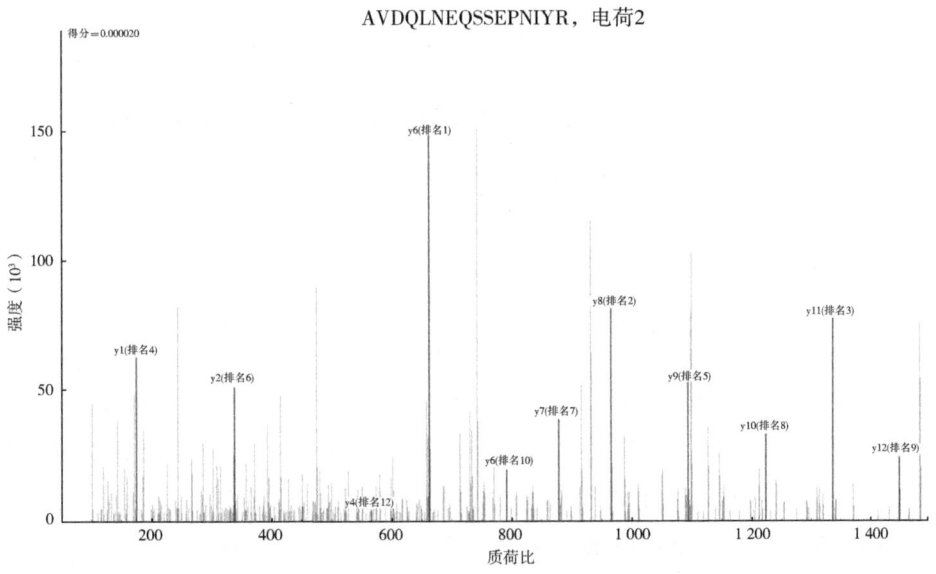

图 4-8 PRM 质谱图

组中的表达趋势与蛋白质组学的结果相一致,这表明本试验蛋白质组学的结果真实可靠,准确性高。

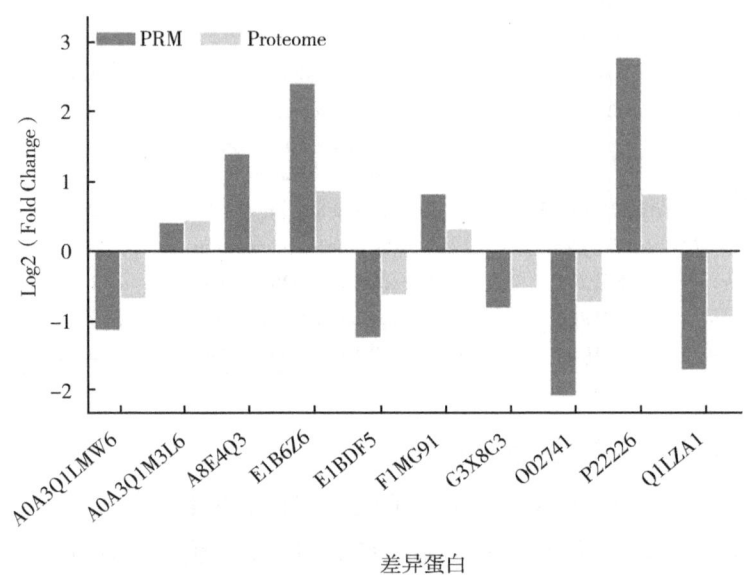

图4-9　PRM结果与Proteome结果比对

(五) 瘤胃微生物代谢产物与瘤胃上皮转运蛋白的相关性分析

本文进一步分析了GO分析中具有转运活性分子功能所包含的蛋白。转运活性分子功能所包含差异蛋白的变化倍数如表4-11所示。采用spearman相关性分析的方法分析了转运活性蛋白和瘤胃发酵参数之间的相关关系,结果如表4-12所示。由表4-11和表4-12可知,日粮中添加茶多酚促进了FABP1蛋白表达($P<0.05$),并且FABP1与丙酸含量显著正相关($P<0.05$)。日粮中添加茶多酚降低了RAB4A和LOC107131172蛋白表达($P<0.05$),并且RAB4A与丙酸含量显著负相关($P<0.05$),而与NH_3-N含量显著正相关($P<0.05$),LOC107131172与乙酸/丙酸比值呈显著正相关($P<0.05$)。

表 4-12　瘤胃发酵参数与参与 GO 分析中转运活性的差异蛋白的相关性分析

项目	乙酸	丙酸	乙酸/丙酸	丁酸	NH_3-N
COIII	-0.371	0.771	-0.486	-0.371	-0.771
HBB	0.371	-0.771	0.771	0.771	0.600
S100A8	0.143	0.771	-0.486	-0.371	-0.771
FABP1	-0.200	0.943*	-0.714	-0.657	-0.771
RAB4A	-0.086	-0.829*	0.600	0.314	0.886*
SLC2A8	-0.543	0.600	-0.543	-0.486	-0.600
RBP4	0.486	-0.771	0.657	0.714	0.600
LOC107131172	0.543	-0.771	0.829*	0.543	0.771
SLC29A1	-0.371	0.771	-0.486	-0.371	-0.771
HBA	0.143	-0.600	0.429	0.429	0.600
ZFYVE19	0.486	-0.771	0.657	0.714	0.600

注：* 表示显著性相关（$P<0.05$）。

三、讨论

对反刍动物而言，瘤胃对宿主的新陈代谢、免疫和健康至关重要。瘤胃中含有大量的微生物，包括细菌、古菌、真菌和原虫，它们在饲料发酵和宿主能量供应中起着重要作用。这种独特的生态系统导致宿主和微生物之间互惠共生的发展[205]。瘤胃上皮是宿主和微生物代谢之间相互作用的一个独特场所，瘤胃上皮 VFA 的吸收能力影响整个机体营养物质的净利用情况。越来越多的证据表明，瘤胃上皮细胞的发育受到瘤胃微生物菌群与宿主之间代谢的影响，这种影响随着日粮的改变而变化[142,206]。

本试验对奶牛饲喂茶多酚后瘤胃上皮细胞的差异蛋白进行 GO 分析，结果发现，这些瘤胃上皮细胞差异表达蛋白富集到了转运活性分子功能上。瘤胃上皮细胞在反刍动物进行营养物质的吸收和转运的过程中起着重要作用。本研究发现，与对照组相比，茶多酚组 COIII、S100A8、FABP1、SLC2A8 和 SLC29A1 等蛋白显著上调，HBB、RAB4A、RBP4、LOC107131172、HBA 和 ZFYVE19 等蛋白显著下调。S100A8 能够与多不饱和脂肪酸花生四烯酸（arachidonic acid，AA）特异性形成S100A8-AA，然后作为转运蛋白将花生四烯酸运送至靶细胞[207]。溶质转运蛋白家族（solute carrier family，SLC）是最重要的膜转运蛋白之一，其可以参与细胞间的物质运输、营养代谢和能量传递等重要的机体生理活动[208]。本研究中瘤胃上皮中SLC2A8和SLC29A1显著上调。这表明日粮中添加茶多酚可以促进瘤胃上皮细胞营养物质转运蛋白的表达。

脂肪酸结合蛋白（fatty acid binding Protein，FABPs）在肠道中发挥作用的蛋白主要包括FABP1、FABP2和FABP6 3种。FABPs能够与脂肪酸和其他疏水配基相结合，将其转运到脂肪酸氧化或者甘油三酯合成的位置[209]。此外，FABPs还可以通过调节脂肪酸浓度的方式来调控体内的生化过程特别是脂类的代谢过程[210]。研究发现在哺乳动物中，FABP1可以通过水相扩散的方式转运脂肪酸[211]。本试验中相比于对照组，茶多酚组的FABP1蛋白显著上调并且与瘤胃中丙酸浓度呈显著正相关。这表明日粮中添加茶多酚增强了瘤胃上皮细胞对VFA的转运能力。

HBA和HBB基因编码血红蛋白的不同链。研究发现当小鼠暴露在低氧环境时，HBB蛋白高度表达，而白藜芦醇干预后HBB表达下调，这可能是因为白藜芦醇的干预增强了血红蛋白的携氧效率，缓解了机体内环境缺氧的状态[212]。茶多酚与白藜芦醇都是多酚类化合物可能具有同样的功效。本试验研究发现，茶多酚降低瘤胃上皮HBA和HBB的表达，这表明茶多酚或许能够使瘤胃上皮细胞更好地应对瘤胃内的缺氧环境。RAB4A属于Rab蛋白家族，Rab蛋白对真核细胞中细胞器之间的囊泡运输具有重要的调节作用，对脂质生物膜的融合具有重要作用[213]。囊泡运输这种方式主要见于细胞器之间的蛋白质运输[214]。瘤胃中NH_3-N是瘤胃微生物通过降解饲料中的蛋白质、非蛋白氮和内源含氮化合物等物质产生的，其可以通过合成MCP或者是通过瘤胃壁的吸收离开瘤胃，因此，NH_3-N的浓度反映了瘤胃微生物对饲料蛋白质降解和MCP合成的动态变化情况[215]。通常情况下，通过日粮调控的方式减少蛋白质在瘤胃中的降解，并尽可能地将生成的NH_3-N转化成MCP，并减少瘤胃壁对NH_3-N的吸收可以提升反刍动物机体对氮的利用率[197]。本试验研究表明，茶多酚组降低了 RAB4A 的表达和瘤胃液中 NH_3-N 的浓度，并且 RAB4A 和 NH_3-N 显著正相关。这可能是由于茶多酚能够与饲料中的蛋白质相结合，减少了蛋白质瘤胃的降解率和 NH_3-N 的浓度，减少了囊泡运输的底物。但是具体机制还需要进一步深入研究。

四、小结

本研究采用 iTRAQ 蛋白质组学技术发现，奶牛日粮中添加茶多酚提升 S100A8、FABP1、SLC2A8 和 SLC29A1 等蛋白的表达，增强了瘤胃上皮细胞对 VFA 的转运能力。

第五章 总体讨论和结论

一、总体讨论

在当前我国饲料中禁止使用抗生素的大环境下，植物多酚类物质以其独特的生物学功能和"绿色品质"受到科研工作者的广泛关注。长期以来植物次级代谢物如单宁酸和黄酮类物质，一直被动物营养学家视为是抗营养因子。近期在牛和羊上的大量研究结果表明，日粮中加入适量的植物次级代谢产物能够改善日粮的利用效率，从而提升动物的生产性能[216]。截至目前，有关植物次级代谢物对瘤胃功能菌群方面的研究相对较少，需要进一步的研究来探讨其对瘤胃健康和代谢功能的调控作用[217]。因此，本研究通过体外和体内试验探究茶多酚对奶牛瘤胃甲烷生成、粗饲料降解和瘤胃上皮细胞转运的影响，旨在阐明茶多酚—瘤胃菌群—宿主三者之间的内在联系。

CH_4是一种能量物质，反刍动物以CH_4形式所损失的能量占总摄入能的$8\% \sim 14\%$[130]。因此，在倡导发展低碳畜牧业的当下，调控反刍动物CH_4的生成更具重要意义。本研究首先通过体外培养试验研究绿原酸、单宁酸、茶多酚和褐藻多酚4种来源不同的多酚对甲烷生成和营养物质降解率的影响，旨在筛选出一种既能抑制甲烷生成又能改善饲料降解率的多酚。结果表明，多酚的来源和添加水平的不同对甲烷生成和营养物质降解率的影响存在差异。综合分析不同多酚对甲烷生成和饲料降解率的影响效果，1%添加水平的茶多酚能够抑制甲烷的生成并提升饲料的降解率。因此，选择1%添加水平的茶多酚（下面简称茶多酚组）进行后续试验。通过分析对照组和茶多酚组的瘤胃发酵参数发现，与对照组相比，茶多酚组显著降低了乙酸/丙酸比值。李宗军

(2018) 研究表明，甲烷产量与瘤胃中乙酸/丙酸比值呈正相关[31]，本研究乙酸/丙酸比值的降低，一定程度上解释了茶多酚减少甲烷生成的原因。本研究通过分析瘤胃细菌的组成发现，茶多酚组显著提升 $p\_Fibrobacteres$、$Lachnospira$、$Ruminococcaceae\_UCG-002$、$uncultured\_bacterium\_c\_MVP$-15 和 $g\_Fibrobacter$ 等微生物的相对丰度。有研究表明，$Fibrobacter$ 通常在低质的粗饲料中丰度较高，能够加速粗饲料 NDF 和 ADF 在瘤胃中的降解[143]。上述研究结果表明，茶多酚通过提升瘤胃内纤维降解菌的丰度，提高饲料在瘤胃中的降解率。

瘤胃内的产甲烷菌在甲烷生成方面具有重要作用，由产甲烷菌产生的 CH_4 占 CH_4 生成总量的 90% 以上[7]。原虫与甲烷的生成也密切相关，因为原虫是瘤胃内主要的产氢微生物；产甲烷菌与原虫具有共生关系，产甲烷菌能够利用原虫产生的氢生成甲烷[150]。因此，通过研究茶多酚对瘤胃内原虫和产甲烷菌的调控作用，进而阐明茶多酚调控瘤胃甲烷生成的微生物机制。本研究结果显示，添加茶多酚显著降低了门和属水平上 $unclassified\_d\_Archaea$ 的相对丰度。Spearman 相关性分析结果表明，$unclassified\_d\_Archaea$ 与甲烷产量和甲烷浓度呈显著正相关。这表明，茶多酚能够影响产甲烷菌的丰度，进而影响甲烷的生成。Jayanegara 等 (2015) 研究发现体外单宁酸能够降低产甲烷菌的数量[145]，这是由于单宁类物质能够与蛋白质或微生物细胞酶相结合来抑制产甲烷菌的活力[146,147]。上述研究证实了多酚类物质（单宁和非单宁）能够影响产甲烷菌的数量和群落结构，从而影响甲烷生成。Poungchompu 等 (2009) 研究表明单宁能够使瘤胃液中产甲烷菌以及原虫的数量显著下降[151]。本试验通过 LEfSe 差异分析发现，茶多酚影响瘤胃内原虫的群落结构，茶多酚组显著降低 $f\_unclassified\_o\_Entodiniomorphida$、$f\_Balantidiidae$、$o\_Vestibuliferida$、$g\_Pseudoentodinium$ 和 $g\_Balantioides$ 等原虫的丰度。Spearman 相关性分析结果显示，$Balantioides$ 和 $Pseudoentodinium$ 与 CH_4 产量显著正相关。这表明茶多酚通过抑制瘤胃内原虫的活性，从而减少了甲烷的生成。综上所述，茶多酚通过减少产甲烷菌和原虫的数量，抑制了甲烷的生成。遗憾的是，本试验中多数与甲烷生成高度相关的产甲烷菌和原虫仍未被鉴定。因此，需要我们对这些微生物进行后续的功能观测从而进一步阐明茶多酚影响瘤胃甲烷生成的微生物机制。

奶牛业是高效、节粮并且可持续的畜牧业。提升饲料的转化效率，节约饲料成本是提升我国乳业竞争力的有效途径[43]。体外试验证明，茶多酚可以提高纤维降解菌的丰度，从而提高饲料的降解率。有研究表明，细菌是瘤胃内主要的定植微生物，其在粗饲料的降解和消化过程中起着重要的作用[67]。细菌对粗饲料的黏附是奶牛瘤胃消化粗饲料的关键步骤。因此，探明茶多酚影响细菌对粗饲料黏附的具体规律，有助于提升粗饲料的利用效率。通过尼龙袋降解试验，采用16S高通量测序和宏基因组学技术相结合的方法研究茶多酚影响粗饲料降解的机制。尼龙袋降解试验研究表明，日粮中添加茶多酚能够提高粗饲料的DM、NDF和ADF等营养成分的瘤胃降解率，这与茶多酚调控黏附在粗饲料上微生物的组成有关。16S rRNA基因高通量测序结果表明，日粮中添加茶多酚加速了 *Weissella*、*Ruminococcaceae_UCG*-010 和 *Ruminococcus_2* 在粗饲料上黏附。有研究表明，*Weissella* 菌属具有缩短发酵周期并且提高发酵食品质量的功效[171]。*Ruminococcaceae_UCG*-010 和 *Ruminococcus_2* 在纤维的降解过程中起着重要作用[46]。这些结果表明，茶多酚通过加快纤维降解菌在粗饲料上的黏附，提高粗饲料的瘤胃降解率，这也解释了茶多酚组ADF快速降解参数升高的原因。采用宏基因组学对黏附在粗饲料微生物的功能进行分析发现，日粮中添加茶多酚显著提升CE1和GH78的相对丰度，并且GH78和CE1与粗饲料瘤胃的DM、NDF和ADF降解率显著正相关。前人研究表明CE1是CE家族的主要成员，由CE1家族编码的阿魏酯酶是植物纤维降解的必需酶[189]。此外，有学者研究发现GH78具有较强的纤维降解能力[190]。这表明茶多酚日粮中添加茶多酚通过影响CE1和GH78的相对丰度，从而提高纤维的降解能力。

反刍动物依靠瘤胃内的微生物能够将人类不能够消化利用的纤维类物质降解发酵成为可以供反刍动物消化吸收的VFA。瘤胃发酵产生的VFA主要是通过瘤胃上皮进行转运和吸收，从而为反刍动物提供能量[120]。本论文动物饲养试验结果表明，日粮中添加茶多酚有提升瘤胃液丙酸浓度和降低乙酸/丙酸比值的趋势。这与本研究中体外试验结果相一致。有研究表明，促进瘤胃内丙酸的增多，减少乙酸/丙酸比值能够减少甲烷的排放，能够提高反刍动物的饲料利用效率[31]。本研究通过对奶牛瘤胃微生物区系的分析发现，动物试验茶多酚组瘤胃液样本中 *Rikenellaceae_RC9_gut_group*、*Ruminococcaceae_NK4A214_group*、*Anaeroplasma*、*Lachnospiraceae_AC2044_group* 和 *Butyrivibrio_2* 等微生物显著富集。有学者通过比较饲喂高精饲料日粮和高粗饲料日粮对瘤胃微生物的影响发现，*Ruminococcaceae_NK4A214_group* 在高精料日粮中显著富集，并且与 VFA 的生成显著相关[199]。因此，这表明茶多酚可能通过调控瘤胃微生物的相对丰度，从而改变了奶牛瘤胃中 VFA 的组成。研究表明，在饲喂高纤维日粮的动物中归属于厚壁菌门的纤维分解菌中的 *Lachnospiraceae* 的相对丰度显著提高[203]。本研究中茶多酚组奶牛瘤胃液中 *Lachnospiraceae_AC2044_group* 显著富集，这表明奶牛采食茶多酚可能会促进纤维的降解，同本研究尼龙袋降解试验结果相吻合。此外，有研究通过将微生物与饲料效率进行相关分析发现，*Anaeroplasma* 和 *Butyrivibrio_2* 与饲料效率显著相关[204]，这进一步表明日粮中添加茶多酚或许能提高动物机体的饲料效率，也进一步证实了本研究中茶多酚能够提高粗饲料降解率的结果。

本试验对奶牛饲喂茶多酚后瘤胃上皮的差异蛋白进行 GO 分析，结果发现，这些瘤胃上皮差异表达蛋白富集到了转运活性分子功能上。对转运活性富集到的蛋白进行研究发现，与对照组相比，茶多酚组 COIII、S100A8、FABP1、SLC2A8 和 SLC29A1 等蛋白显著上调，HBB、RAB4A、RBP4、LOC107131172、HBA 和 ZFYVE19 等蛋白显著下调。在哺乳动物中，FABP1 可以通过水相扩散的方式转运脂肪酸[211]。本试验中相比于对照组，茶多酚组的 FABP1 蛋白显著上调并且与瘤胃中丙酸浓度呈显著正相关。这表明日粮中添加茶多酚增强了瘤胃上皮细胞对 VFA 的转运能力。

综上所述，添加茶多酚通过影响瘤胃内细菌、原虫和产甲烷菌等微生物的多样性和群落结构，进而抑制瘤胃甲烷的生成，减少饲料能量的损失；饲喂茶多酚通过加速纤维降解菌在粗饲料上的黏附，提升粗饲料的瘤胃降解率，改善饲料的转化效率；茶多酚通过影响奶牛瘤胃微生物区系，改变瘤胃的发酵模式进而增强宿主瘤胃上皮细胞的转运能力，提升饲料的利用效率。在生产实践中，或许可以利用茶多酚增强奶牛对营养物质的利用效率，提升奶牛的生产性能。

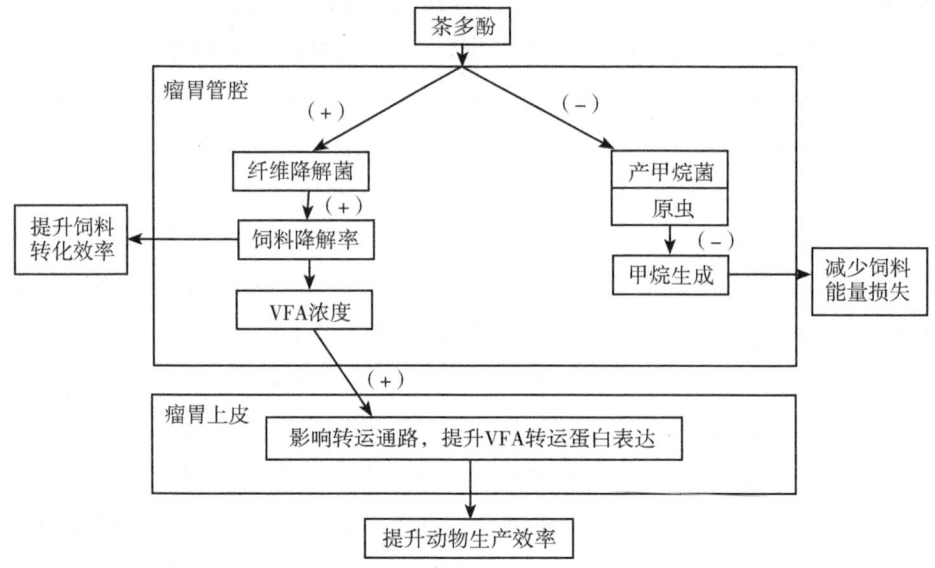

图 5-1　茶多酚调控瘤胃代谢示意图

二、主要结论

（1）添加绿原酸、单宁酸、茶多酚和褐藻多酚 4 种来源不同的多酚，以添加茶多酚对甲烷生成和饲料养分降解率的改善最优，其最佳添加量为 1% DM。日粮中添加茶多酚可以改变瘤胃内细菌、产甲烷菌和原虫等微生物的相对丰度，减少甲烷生成，提升营养物质的降解率。

（2）粗饲料在瘤胃内的降解是一个动态变化的过程。日粮中添加茶多酚能够影响瘤胃微生物对粗饲料的黏附过程，通过加速纤维分解菌在粗饲料上的黏附，从而提升粗饲料的降解速率。宏基因组学分析结果表明，茶多酚显著提升与粗饲料降解显著正相关的 CE1 和 GH78 丰度，从而提升粗饲料在瘤胃内的降解率。结果提示，日粮中添加茶多酚或许可以作为干预手段调控奶牛瘤胃内环境，改善粗饲料的瘤胃降解率。

（3）日粮中添加茶多酚可以提高奶牛的抗氧化能力。茶多酚通过改变奶牛瘤胃内微生物的菌群结构，影响瘤胃的发酵模式，进而影响瘤胃上皮细胞转运蛋白的表达，增强瘤胃上皮对营养物质的转运能力。

三、创新点

（1）日粮中添加茶多酚能够促进纤维分解菌对粗饲料的黏附，从而提高粗饲料的降解率，揭示了茶多酚影响粗饲料降解的微生物黏附规律。

（2）本研究基本阐明茶多酚—瘤胃菌群—宿主三者之间的内在联系，为茶多酚在反刍动物生产上的精准应用提供理论参考。

四、后续展望

（1）本研究通过体外培养试验评价了茶多酚对甲烷生成的影响，但茶多酚对甲烷调控的持久性和对牧场整体水平上甲烷的净排放量有何影响，有待进一步的系统评价。

（2）本研究发现茶多酚减少了瘤胃内 NH_3-N 的生成，但茶多酚能否真正地提高奶牛的氮素利用率，减少氮的排放需要进一步开展试验来阐明。

（3）本研究所采用的高通量组学测序技术大多是定性的研究手段，今后需要依据本研究的主要结果开展定量验证试验。

参考文献

[1] GOEL G, MAKKAR H P S, BECKER K. Effects of sesbania sesban and carduus pycnocephalus leaves and fenugreek (*Trigonella foenum-graecum* L.) seeds and their extracts on partitioning of nutrients from roughage - and concentrate - based feeds to methane [J]. Anim Feed Sci Tech, 2008, 147 (1-3): 72-89.

[2] THAUER R K, KASTER A K, GOENRICH M, et al. Hydrogenases from methanogenic archaea, nickel, a novel cofactor, and h2 storage [J]. Annu Rev Biochem, 2010, 79: 507-536.

[3] 孙凯佳, 朱建营, 梅洋, 等. 降低反刍动物胃肠道甲烷排放的措施 [J]. 动物营养学报, 2015, 27 (10): 2994-3005.

[4] BAYAT A R, TAPIO I, VILKKI J, et al. Plant oil supplements reduce methane emissions and improve milk fatty acid composition in dairy cows fed grass silage-based diets without affecting milk yield [J]. J Dairy Sci, 2018, 101 (2): 1136-1151.

[5] HRISTOV A N, KEBREAB E, NIU M, et al. Symposium review: Uncertainties in enteric methane inventories, measurement techniques, and prediction models [J]. J Dairy Sci, 2018, 101 (7): 6655-6674.

[6] MOSS A R, JOUANY J P, NEWBOLD J. Methane production by ruminants: Its contribution to global warming [J]. Annales De Zootech, 2000, 49: 231-253.

[7] WONGNATE T, SLIWA D, GINOVSKA B, et al. The radi-

cal mechanism of biological methane synthesis by methyl-coenzyme m reductase [J]. Science, 2016, 352 (6288): 953-958.

[8] BAPTESTE E, BROCHIER C, BOUCHER Y. Higher-level classification of the archaea: Evolution of methanogenesis and methanogens [J]. Archaea, 2005, 1 (5): 353-363.

[9] ANDERSON I, ULRICH L E, LUPA B, et al. Genomic characterization of methanomicrobiales reveals three classes of methanogens [J]. PloS one, 2009, 4 (6): e5797.

[10] WANG L Z, WANG Z S, XUE B, et al. Comparison of rumen archaeal diversity in adult and elderly yaks (bos grunniens) using 16s rRNA gene high-throughput sequencing [J]. J Integr Agr, 2017, 16 (5): 1130-1137.

[11] LANG K, SCHULDES J, KLINGL A, et al. New mode of energy metabolism in the seventh order of methanogens as revealed by comparative genome analysis of "candidatus methanoplasma termitum" [J]. Appl Environ Microbiol, 2015, 81 (4): 1338-1352.

[12] BAKER S K. Rumen methanogens, and inhibition of methanogenesis [J]. Aust J Agr Res, 1999, 50 (8): 1293-1298.

[13] GONZALEZ-RECIO O, ZUBIRIA I, GARCÍA-RODRÍGUEZ A, et al. Short communication: Signs of host genetic regulation in the microbiome composition in 2 dairy breeds: Holstein and brown swiss [J]. J Dairy Sci, 2017, 101 (3): 2285-2292.

[14] TAPIO I, SNELLING T J, STROZZI F, et al. The ruminal microbiome associated with methane emissions from ruminant livestock [J]. J Anim Sci Biotechnol, 2017, 8: 7.

[15] DANIELSSON R, DICKSVED J, SUN L, et al. Methane production in dairy cows correlates with rumen methanogenic and bacterial community structure [J]. Front Microbiol, 2017, 8:

226.

[16] WALLACE R J, ROOKE J A, MCKAIN N, et al. The rumen microbial metagenome associated with high methane production in cattle [J]. BMC Genomics, 2015, 16 (1): 839.

[17] XUE M Y, SUN H Z, WU X H, et al. Multi-omics reveals that the rumen microbiome and its metabolome together with the host metabolome contribute to individualized dairy cow performance [J]. Microbiome, 2020, 8 (1): 64.

[18] IINO T, TAMAKI H, TAMAZAWA S, et al. Candidatus methanogranum caenicola: A novel methanogen from the anaerobic digested sludge, and proposal of methanomassiliicoccaceae fam. Nov. And methanomassiliicoccales ord. Nov., for a methanogenic lineage of the class thermoplasmata [J]. Microbes & Environ, 2013, 28 (2): 244-250.

[19] XIAO D H, HUI Y T, LONG R, et al. Comparison of methanogen diversity of yak (bos grunniens) and cattle (bos taurus) from the qinghai-tibetan plateau, china [J]. BMC Microbiol, 2012, 12: 237.

[20] POULSEN M, SCHWAB C, JENSEN B B, et al. Erratum: Methylotrophic methanogenic thermoplasmata implicated in reduced methane emissions from bovine rumen [J]. Nat Commun, 2013, 4: 66-78.

[21] JEYANATHAN J, MARTIN C, MORGAVI D P. The use of direct-fed microbials for mitigation of ruminant methane emissions: A review [J]. Animal-Cambridge University Press, 2014, 8 (2): 250-261.

[22] 董利锋, 付敏, 陈天宝, 等. 反刍动物瘤胃优势产甲烷菌菌群结构及多样性研究进展 [J]. 动物营养学报, 2019, 31 (9): 3927-3935.

[23] MA Z Y, WANG R, WANG M, et al. Short communication: Variability in fermentation end-products and methanogen communities in different rumen sites of dairy cows [J]. J Dairy Sci, 2018, 101 (6): 5153-5158.

[24] KNAPP J R, LAUR G L, VADAS P A, et al. Invited review: Enteric methane in dairy cattle production: Quantifying the opportunities and impact of reducing emissions [J]. J Dairy Sci, 2014, 97 (6): 3231-3261.

[25] MORAIS S, MIZRAHI I. The road not taken: The rumen microbiome, functional groups, and community states [J]. Trends Microbiol, 2019, 27 (6): 538-549.

[26] KUMAR S, DAGAR S S, SIROHI S K, et al. Microbial profiles, in vitro gas production and dry matter digestibility based on various ratios of roughage to concentrate [J]. Ann Microbiol, 2013, 63: 541-545.

[27] HOLLMANN M, POWERS W J, FOGIEL A C, et al. Enteric methane emissions and lactational performance of holstein cows fed different concentrations of coconut oil [J]. J Dairy Sci, 2012, 95 (5): 2602-2615.

[28] VAN GASTELEN S, VISKER M, EDWARDS J E, et al. Linseed oil and dgat1 k232a polymorphism: Effects on methane emission, energy and nitrogen metabolism, lactation performance, ruminal fermentation, and rumen microbial composition of holstein-friesian cows [J]. J Dairy Sci, 2017, 100 (11): 8939-8957.

[29] WILLIAMS S, HANNAH M C, ECKARD R J, et al. Supplementing the diet of dairy cows with fat or tannin reduces methane yield, and additively when fed in combination [J]. Animal, 2020: 1-9.

[30] 孙凯佳. 堆积肉牛粪便的甲烷排放与米曲霉对肉牛胃肠道和

粪便甲烷排放的影响及其机理 [D]. 郑州：河南农业大学，2015.

[31] 李宗军. 瘤胃丙酸发酵的增强策略及其对碳水化合物代谢的动态影响 [D]. 杨凌：西北农林科技大学，2018.

[32] 周婷. Cofd基因敲除对瘤胃反刍兽甲烷短杆菌甲烷生成的影响 [D]. 雅安：四川农业大学，2017.

[33] RAGSDALE S W, PIERCE E. Acetogenesis and the wood-ljungdahl pathway of CO_2 fixation [J]. BBA- Proteins & Proteom, 2008, 1784 (12): 1873-1898.

[34] THAUER R K, KASTER A K, SEEDORF H, et al. Methanogenic archaea: Ecologically relevant differences in energy conservation [J]. Nat Rev Microbiol, 2008, 6 (8): 579-591.

[35] 杨春蕾. 产乙酸菌在草食动物消化道内的分布及其对甲烷排放的调节作用 [D]. 杭州：浙江大学，2016.

[36] ZETOUNI L, DIFFORD G F, LASSEN J, et al. Is rumination time an indicator of methane production in dairy cows? [J]. J Dairy Sci, 2018, 101 (12): 11074-11085.

[37] DIFFORD G F, LOVENDAHL P, VEERKAMP R F, et al. Can greenhouse gases in breath be used to genetically improve feed efficiency of dairy cows [J]. J Dairy Sci, 2020, 103 (3): 2442-2459.

[38] LOPEZ-PAREDES J, GOIRI I, ATXAERANDIO R, et al. Mitigation of greenhouse gases in dairy cattle via genetic selection: 1. Genetic parameters of direct methane using noninvasive methods and proxies of methane [J]. J Dairy Sci, 2020, 103 (8): 7199-7209.

[39] GONZALEZ-RECIO O, LOPEZ-PAREDES J, OUATAHAR L, et al. Mitigation of greenhouse gases in dairy cattle via genetic selection: 2. Incorporating methane emissions into the breeding goal [J]. J Dairy Sci, 2020, 103 (8): 7210-

7221.

[40] MOATE P J, JACOBS J L, HIXSON J L, et al. Effects of feeding either red or white grape marc on milk production and methane emissions from early-lactation dairy cows [J]. Animals, 2020, 10 (6): 976.

[41] PRYCE J E, HAILE-MARIAM M. Symposium review: Genomic selection for reducing environmental impact and adapting to climate change [J]. J Dairy Sci, 2020, 103 (6): 5366-5375.

[42] ZHANG Q, DIFFORD G, SAHANA G, et al. Bayesian modeling reveals host genetics associated with rumen microbiota jointly influence methane emission in dairy cows [J]. ISME J, 2020, 14 (8): 2019-2033.

[43] 李胜利. 奶业发展离不开"粮改饲" [J]. 今日畜牧兽医, 2016 (9): 11.

[44] SHEKHAR C. Future fuel: Could biomass be the new petroleum [J]. Chem Biol, 2011, 18 (10): 1199-1200.

[45] PAULY M, KEEGSTRA K. Cell-wall carbohydrates and their modification as a resource for biofuels [J]. Plant J, 2008, 54 (4): 559-568.

[46] 谢骁. 低质粗饲料日粮干预对湖羊瘤胃发酵和微生物菌群的影响 [D]. 杭州: 浙江大学, 2018.

[47] BURTON R A, GIDLEY M J, FINCHER G B. Heterogeneity in the chemistry, structure and function of plant cell walls [J]. Nat Chem Biol, 2010, 6 (10): 724-732.

[48] RAFFRENATO E, FIEVISOHN R, COTANCH K W, et al. Effect of lignin linkages with other plant cell wall components on *in vitro* and in *vivo* neutral detergent fiber digestibility and rate of digestion of grass forages [J]. J Dairy Sci, 2017, 100 (10): 8119-8131.

[49] SIGOILLOT J C, BERRIN J G, BEY M, et al. Fungal strategies for lignin degradation [M]. Lignins – biosynthesis, biodegradation and bioengineering. 2012：263-308.

[50] JANUSZ G, PAWLIK A, SULEJ J, et al. Lignin degradation：Microorganisms, enzymes involved, genomes analysis and evolution [J]. FEMS Microbiol Rev, 2017, 41 (6)：941-962.

[51] 刘洁. 肉用绵羊饲料代谢能与代谢蛋白质预测模型的研究 [D]. 北京：中国农业科学院, 2012.

[52] 汪营. 奶牛粗饲料瘤胃降解及微生物附着规律的研究 [D]. 南京：南京农业大学, 2016.

[53] MENKE K H, STEINGASS H. Estimation of the energetic feed value obtained from chemical analysis and *in vitro* gas production using rumen fluid [J]. Anim Res Dev, 1988, 28：7-55.

[54] 毛胜勇, 王新峰, 朱伟云. 体外法研究延胡索酸二钠对瘤胃微生物发酵活力及甲烷产量的影响 [J]. 草业学报, 2010, 19 (02)：69-75.

[55] KRUMHOLZ L, BRYANT M, BRULLA W, et al. Proposal of quinella ovalis gen. Nov., sp. Nov., based on phylogenetic analysis [J]. Int J Syst Bacteriol, 1993, 43 (2)：293-296.

[56] 张微, 莫放. 原位尼龙袋技术在评价饲料营养价值中的应用与建议方案 [J]. 动物营养学报, 2019, 31 (1)：1-14.

[57] 曹志军, 史海涛, 李德发, 等. 中国反刍动物饲料营养价值评定研究进展 [J]. 草业学报, 2015, 24 (3)：1-19.

[58] MCALLISTER T A, BAE H D, JONES G A, et al. Microbial attachment and feed digestion in the rumen [J]. J Anim Sci, 1994, 72 (11)：3004-3018.

[59] Hungate R E. The rumen and its microbes [M]. New York：Academic Press, 1966.

[60] 毛胜勇, 王全军, 姚文, 等. 去除瘤胃厌氧真菌对山羊瘤胃消化代谢的影响 [J]. 南京农业大学学报, 2002 (1)：

61-64.

[61] MILLEN D D, MARIO D, PACHECO R L. Rumenology ‖ microbiology of the rumen [J]. 2016 (2): 39-61.

[62] 金巍. 草食动物厌氧真菌及其共存甲烷菌的分离鉴定和体外发酵特性的初步研究 [D]. 南京：南京农业大学, 2009.

[63] HARRY J, FLINT. The rumen microbial ecosystem—some recent developments [J]. Trends Microbiol, 1997, 5 (12): 483-488.

[64] 徐俊. 不同牧草来源的 NDF 在瘤胃中降解特性及其对细菌群落结构的影响 [D]. 扬州：扬州大学, 2014.

[65] EDWARDS J E, HUWS S A, KIM E J, et al. Characterization of the dynamics of initial bacterial colonization of nonconserved forage in the bovine rumen [J]. FEMS Microbiol Ecol, 2007, 62 (3): 323-335.

[66] LIU J, ZHANG M, XUE C, et al. Characterization and comparison of the temporal dynamics of ruminal bacterial microbiota colonizing rice straw and alfalfa hay within ruminants [J]. J Dairy Sci, 2016, 99 (12): 9668-9681.

[67] CHENG Y, WANG Y, LI Y, et al. Progressive colonization of bacteria and degradation of rice straw in the rumen by illumina sequencing [J]. Front Microbiol, 2017, 8: 2165.

[68] GHARECHAHI J, VAHIDI M F, DING X Z, et al. Temporal changes in microbial communities attached to forages with different lignocellulosic compositions in cattle rumen [J]. FEMS Microbiol Ecol, 2020 (6): 6.

[69] HANDELSMAN J, RONDON M R, BRADY S F, et al. Molecular biological access to the chemistry of unknown soil microbes: A new frontier for natural products [J]. Chem Biol, 1998, 5 (10): 245-249.

[70] SUN S, JONES R B, FODOR A A. Inference-based accuracy

of metagenome prediction tools varies across sample types and functional categories [J]. Microbiome, 2020, 8 (1): 46.

[71] 田雨佳. 不同刈割茬次和物候期的苜蓿对奶牛营养价值的比较研究 [D]. 呼和浩特: 内蒙古农业大学, 2011.

[72] WEIMER P J, LOPEZ-GUISA J M, FRENCH A D. Effect of cellulose fine structure on kinetics of its digestion by mixed ruminal microorganisms *in vitro* [J]. Appl Environ Microbiol, 1990, 56 (8): 2421-2429.

[73] WILSON J R, MERTENS D R. Cell wall accessibility and cell structure limitations to microbial digestion of forage [J]. Crop ence, 1995, 35 (1): 251-259.

[74] MAO H L, WU C H, WANG J K, et al. Synergistic effect of cellulase and xylanase on *in vitro* rumen fermentation and microbial population with rice straw as substrate [J]. Anim Nutr Feed Techn, 2013, 13 (3): 477-487.

[75] LI Y, QIAN Q, ZHOU Y, et al. Brittle culm1, which encodes a cobra-like protein, affects the mechanical properties of rice plants [J]. Plant Cell, 2003, 15 (9): 2020-2031.

[76] 王平. 玉米秸秆中木质纤维素的高效降解及其生物学效价评定的研究 [D]. 郑州: 河南农业大学, 2016.

[77] ZHAO S, LI G, ZHENG N, et al. Steam explosion enhances digestibility and fermentation of corn stover by facilitating ruminal microbial colonization [J]. Bioresour Technol, 2018, 253: 244-251.

[78] WEIMER P J. Redundancy, resilience, and host specificity of the ruminal microbiota: Implications for engineering improved ruminal fermentations [J]. Front Microbiol, 2015, 6: 296.

[79] RIBEIRO G O, OSS D B, HE Z, et al. Repeated inoculation of cattle rumen with bison rumen contents alters the rumen microbiome and improves nitrogen digestibility in cattle [J]. Sci Rep,

2017, 7 (1): 1276.

[80] WEIMER P J, COX M S, VIEIRA DE PAULA T, et al. Transient changes in milk production efficiency and bacterial community composition resulting from near-total exchange of ruminal contents between high - and low - efficiency holstein cows [J]. J Dairy Sci, 2017, 100 (9): 7165-7182.

[81] 杨斌. 早期补饲苜蓿调节幼龄湖羊生长和瘤胃发育的机制研究 [D]. 杭州: 浙江大学, 2017.

[82] BRAVO L. Polyphenols: Chemistry, dietary sources, metabolism, and nutritional significance [J]. Nutr Rev, 1998, 56 (11): 317-333.

[83] PATRA A K, SAXENA J. Exploitation of dietary tannins to improve rumen metabolism and ruminant nutrition [J]. J Sci Food Agric, 2011, 91 (1): 24-37.

[84] SHAHIDI F, AMBIGAIPALAN P. Phenolics and polyphenolics in foods, beverages and spices: Antioxidant activity and health effects-a review [J]. J Funct Foods, 2015, 18: 820-897.

[85] FERNÁNDEZ P, MANTECÓN Á R, ANGULO G H, et al. Tannins and ruminant nutrition: Review [J]. Span J Agric Res, 2004: 191-202.

[86] BUCCIONI A, PAUSELLI M, VITI C, et al. Milk fatty acid composition, rumen microbial population, and animal performances in response to diets rich in linoleic acid supplemented with chestnut or quebracho tannins in dairy ewes [J]. J Dairy Sci, 2015, 98 (2): 1145-1156.

[87] BUCCIONI A, SERRA A, MINIERI S, et al. Milk production, composition, and milk fatty acid profile from grazing sheep fed diets supplemented with chestnut tannin extract and extruded linseed [J]. Small Rumin Res, 2015, 130: 200-207.

[88] COSTA M, ALVES S P, CAPPUCCI A, et al. Effects of condensed and hydrolyzable tannins on rumen metabolism with emphasis on the biohydrogenation of unsaturated fatty acids [J]. J Agric Food Chem, 2018, 66 (13): 3367-3377.

[89] VASTA V, DAGHIO M, CAPPUCCI A, et al. Invited review: Plant polyphenols and rumen microbiota responsible for fatty acid biohydrogenation, fiber digestion, and methane emission: Experimental evidence and methodological approaches [J]. J Dairy Sci, 2019, 102 (5): 3781-3804.

[90] MOATE P J, WILLIAMS S R, TOROK V A, et al. Grape marc reduces methane emissions when fed to dairy cows [J]. J Dairy Sci, 2014, 97 (8): 5073-5087.

[91] 张培军. 茶多酚对奶牛酮病、氧化/抗氧化指标和生产性能的影响 [D]. 南宁: 广西大学, 2017.

[92] MOLLE G, DECANDIA M, CABIDDU A, et al. An update on the nutrition of dairy sheep grazing mediterranean pastures [J]. Small Rumin Res, 2008, 77 (2-3): 93-112.

[93] MAO X B, GU C S, CHEN D W, et al. Oxidative stress-induced diseases and tea polyphenols [J]. Oncotarget, 2017, 8 (46): 81649-81661.

[94] 魏晨, 游伟, 张相伦, 等. 单宁的生物活性及其在反刍动物生产中的应用 [J]. 中国饲料, 2019 (3): 10-13.

[95] SATO Y, ITAGAKI S, KUROKAWA T, et al. *In vitro* and *in vivo* antioxidant properties of chlorogenic acid and cafeic acid [J]. International Journal of Pharmaceutics, 2010, 403 (1-2): 136-138.

[96] XU J G, HU Q P, LIU Y. Antioxidant and DNA-protective activities of chlorogenic acid isomers [J]. J Agric Food Chem, 2012, 60 (46): 11625-11630.

[97] YAN Z, ZHONG Y, DUAN Y, et al. Antioxidant mechanism

of tea polyphenols and its impact on health benefits [J]. Anim Nutr, 2020, 6 (2): 115-123.

[98] 闫昭明, 郭秋平, 仲银召, 等. 茶多酚的生物学特性及其在畜牧生产中的应用 [J]. 动物营养学报, 2019, 31 (4): 1525-1532.

[99] 韦良开, 李瑞, 陈凤鸣, 等. 绿原酸的生物学功能及在养殖业中应用研究 [J]. 饲料工业, 2019, 40 (1): 22-26.

[100] MENG S, CAO J, FENG Q, et al. Roles of chlorogenic acid on regulating glucose and lipids metabolism: A review [J]. Evid Based Complement Alternat Med, 2013, 2013: 801457.

[101] ONG K W, HSU A, TAN B K. Chlorogenic acid stimulates glucose transport in skeletal muscle via ampk activation: A contributor to the beneficial effects of coffee on diabetes [J]. PloS one, 2012, 7 (3): e32718.

[102] JAMI E, WHITE B A, MIZRAHI I. Potential role of the bovine rumen microbiome in modulating milk composition and feed efficiency [J]. PloS one, 2014, 9 (1): e85423.

[103] JONES G A, MCALLISTER T A, MUIR A D, et al. Effects of sainfoin (*Onobrychis viciifolia* scop.) condensed tannins on growth and proteolysis by four strains of ruminal bacteria [J]. Appl Environ Microbiol, 1994, 60 (4): 1374-1378.

[104] SIVAKUMARAN S, MEAGHER L P, FOO L Y, et al. Floral procyanidins of the forage legume red clover (*Trifolium pratense* L.) [J]. J Agric Food Chem, 2004, 52 (6): 1581-1585.

[105] BHAT T K, SINGH B, SHARMA O P. Microbial degradation of tannins-a current perspective [J]. Biodegradation, 1998, 9 (5): 343-357.

[106] DE NARDI R, MARCHESINI G, LI S, et al. Metagenomic analysis of rumen microbial population in dairy heifers fed a high grain diet supplemented with dicarboxylic acids or polyphenols [J]. BMC Vet Res, 2016, 12: 29.

[107] KRAUSE D O, DENMAN S E, MACKIE R I, et al. Opportunities to improve fiber degradation in the rumen: Microbiology, ecology, and genomics [J]. FEMS Microbiol Rev, 2003, 27 (5): 663-693.

[108] HERVAS G, FRUTOS P, GIRALDEZ F J, et al. Effect of different doses of quebracho tannins extract on rumen fermentation in ewes [J]. Anim Feed Sci Tech, 2003, 109 (1-4): 65-78.

[109] MCALLISTER T A, BAE H D, YANKE L J, et al. Effect of condensed tannins from birdsfoot trefoil on endoglucanase activity and the digestion of cellulose filter paper by ruminal fungi [J]. Can J Microbiol, 1994, 40 (4): 298.

[110] HOOK S E, WRIGHT A D, MCBRIDE B W. Methanogens: Methane producers of the rumen and mitigation strategies [J]. Archaea, 2010, 2010: 945785.

[111] JAYANEGARA A, LEIBER F, KREUZER M. Meta-analysis of the relationship between dietary tannin level and methane formation in ruminants from *in vivo* and *in vitro* experiments [J]. J Anim Physiol Anim Nutr (Berl), 2012, 96 (3): 365-375.

[112] KITTELMANN S, JANSSEN P H. Characterization of rumen ciliate community composition in domestic sheep, deer, and cattle, feeding on varying diets, by means of pcr-dgge and clone libraries [J]. FEMS Microbiol Ecol, 2011, 75 (3): 468-481.

[113] BECKER P M, VAN WIKSELAAR P G, FRANSSEN M C R,

et al. Evidence for a hydrogen – sink mechanism of (+) catechin-mediated emission reduction of the ruminant greenhouse gas methane [J]. Metabolomics, 2013, 10 (2): 179-189.

[114] SERADJ A R, ABECIA L, CRESPO J, et al. The effect of bioflavex ® and its pure flavonoid components on in vitro fermentation parameters and methane production in rumen fluid from steers given high concentrate diets [J]. Anim Feed Sci Tech, 2014, 197: 85-91.

[115] PATRA A K, MIN B R, SAXENA J. Dietary tannins on microbial ecology of the gastrointestinal tract in ruminants [M]. Dietary Phytochemicals and Microbes, 2012, 237-262.

[116] GOEL G, MAKKAR H P. Methane mitigation from ruminants using tannins and saponins [J]. Trop Anim Health Prod, 2012, 44 (4): 729-739.

[117] STANTON T B. A call for antibiotic alternatives research [J]. Trends Microbiol, 2013, 21 (3): 111-113.

[118] OLAGARAY K E, BRADFORD B J. Plant flavonoids to improve productivity of ruminants – a review [J]. Anim Feed Sci Tech, 2019, 251: 21-36.

[119] OHENE-ADJEI S, TEATHER R M, IVAN M, et al. Postinoculation protozoan establishment and association patterns of methanogenic archaea in the ovine rumen [J]. Appl Environ Microbiol, 2007, 73 (14): 4609-4618.

[120] LIN L, XIE F, SUN D, et al. Ruminal microbiome – host crosstalk stimulates the development of the ruminal epithelium in a lamb model [J]. Microbiome, 2019, 7 (1): 83.

[121] JOHNSON D E, WARD G M. Estimates of animal methane emissions [J]. Environ Monit Assess, 1996, 42 (1-2):

133-141.

[122] W W M. Phenol-hypochlorite reaction for determination of ammonia [J]. Anal Chem, 1967, 39 (8): 971-974.

[123] INTERNATIONAL A. Official methods of analysis of aoac international [M]. Official Methods of Analysis of AOAC International, 16th edition, 1995.

[124] VAN SOEST P J, ROBERTSON J B, LEWIS B A. Methods for dietary fiber, neutral detergent fiber, and nonstarch polysaccharides in relation to animal nutrition [J]. J Dairy Sci, 1991, 74 (10): 3583-3597.

[125] ELLIS J L, KEBREAB E, ODONGO N E, et al. Prediction of methane production from dairy and beef cattle [J]. J Dairy Sci, 2007, 90 (7): 3456-3466.

[126] 任莹, 赵胜军, 唐兴, 等. 利用体外产气法评定反刍动物饲料的营养价值 [J]. 中国饲料, 2009 (23): 16-19.

[127] 魏晨. 没食子酸和缩合单宁对体外瘤胃发酵及肉牛营养物质消化、甲烷产量和氮代谢影响的研究 [D]. 北京: 中国农业大学, 2017.

[128] 魏欢, 李翔宇, 于全平, 等. 添加5种植物酚类化合物对高精料底物瘤胃体外发酵及产甲烷的影响 [J]. 草业学报, 2018, 27 (11): 192-199.

[129] MIN B R, ATTWOOD G T, MCNABB W C, et al. The effect of condensed tannins from lotus corniculatus on the proteolytic activities and growth of rumen bacteria [J]. Anim Feed Sci Tech, 2005, 121 (1-2): 45-58.

[130] 杨凯. 单宁酸对肉牛瘤胃发酵、微生物区系、甲烷排放及氮排泄的调控规律 [D]. 北京: 中国农业大学, 2017.

[131] 郭旭东, 刁其玉, 徐俊, 等. 芦丁对奶牛瘤胃内固相和液相降解纤维素相关酶活性的影响 [J]. 中国畜牧杂志, 2012, 48 (7): 55-58.

[132] EDGAR R C, HAAS B J, CLEMENTE J C, et al. Uchime improves sensitivity and speed of chimera detection [J]. Bioinformatics, 2011, 27 (16): 2194-2200.

[133] MAGOC T, SALZBERG S L. Flash: Fast length adjustment of short reads to improve genome assemblies [J]. Bioinformatics, 2011, 27 (21): 2957-2963.

[134] EDGAR R C. Uparse: Highly accurate OTU sequences from microbial amplicon reads [J]. Nat Methods, 2013, 10 (10): 996-998.

[135] RUSSELL J, RYCHLIK J. Factors that alter rumen microbial ecology [J]. Science, 2001, 292 (5519): 1119-1122.

[136] 熊颖. 板栗总苞多酚对肉牛瘤胃发酵、甲烷产量及微生物的影响 [D]. 北京: 北京农学院, 2016.

[137] JOLAZADEH A R, DEHGHAN-BANADAKY M, REZAYAZDI K. Effects of soybean meal treated with tannins extracted from pistachio hulls on performance, ruminal fermentation, blood metabolites and nutrient digestion of holstein bulls [J]. Anim Feed Sci Tech, 2015, 203: 33-40.

[138] HEGARTY R S. Mechanisms for competitively reducing ruminal methanogenesis [J]. Aust J Agr Res, 1999, 50 (8): 1299-1306.

[139] JANSSEN P H. Influence of hydrogen on rumen methane formation and fermentation balances through microbial growth kinetics and fermentation thermodynamics [J]. Anim Feed Sci Tech, 2010, 160 (1-2): 1-22.

[140] RUSSELL J B. The importance of pH in the regulation of ruminal acetate to propionate ratio and methane production in vitro [J]. J Dairy Sci, 1998, 81 (12): 3222-3230.

[141] UNGERFELD E M, FORSTER R J. A meta-analysis of malate effects on methanogenesis in ruminal batch cultures [J]. Anim

Feed Sci Tech, 2011, 166-167: 282-290.

[142] MALMUTHUGE N, GUAN L L. Understanding host-microbial interactions in rumen: Searching the best opportunity for microbiota manipulation [J]. J Anim Sci Biotechnol, 2017, 8: 8.

[143] RANSOM-JONES E, JONES D L, MCCARTHY A J, et al. The fibrobacteres: An important phylum of cellulose-degrading bacteria [J]. Microb Ecol, 2012, 63 (2): 267-281.

[144] 童津津, 张华, 孙铭维, 等. 采用illumina miseq测序技术分析葡萄籽原花青素对奶牛体外瘤胃发酵产甲烷菌区系的影响 [J]. 动物营养学报, 2019, 31 (1): 314-323.

[145] JAYANEGARA A, GOEL G, MAKKAR H P S, et al. Divergence between purified hydrolysable and condensed tannin effects on methane emission, rumen fermentation and microbial population *in vitro* [J]. Anim Feed Sci Tech, 2015, 209: 60-68.

[146] TAVENDALE M H, MEAGHER L P, PACHECO D, et al. Methane production from *in vitro* rumen incubations with lotus pedunculatus and medicago sativa, and effects of extractable condensed tannin fractions on methanogenesis [J]. Anim Feed Sci Tech, 2005, 123: 403-419.

[147] TAN H Y, SIEO C C, ABDULLAH N, et al. Effects of condensed tannins from leucaena on methane production, rumen fermentation and populations of methanogens and protozoa *in vitro* [J]. Anim Feed Sci Tech, 2011, 169 (3-4): 185-193.

[148] 谭翠. 茶皂素调控肉牛瘤胃微生物菌群结构及甲烷生成的研究 [D]. 雅安: 四川农业大学, 2016.

[149] TYMENSEN L D, MCALLISTER T A. Community structure analysis of methanogens associated with rumen protozoa reveals bias in universal archaeal primers [J]. Appl Environ

Microbiol, 2012, 78 (11): 4051-4056.

[150] BELANCHE A, DE LA FUENTE G, NEWBOLD C J. Study of methanogen communities associated with different rumen protozoal populations [J]. FEMS Microbiol Ecol, 2014, 90 (3): 663-677.

[151] POUNGCHOMPU O, WANAPAT M, WACHIRAPAKORN C, et al. Manipulation of ruminal fermentation and methane production by dietary saponins and tannins from mangosteen peel and soapberry fruit [J]. Arch Anim Nutr, 2009, 63 (5): 389-400.

[152] ZHANG S J, ZHU C H, GUO J, et al. Metabolizable energy and fiber digestibility of uncommon feedstuffs for geese [J]. Poult Sci, 2013, 92 (7): 1812-1817.

[153] CHEN C R, YU B, CHIOU P W S. Roughage energy and degradability estimation with aspergillus oryzae inclusion using daisy (r) *in vitro* fermentation [J]. Asian Austral J Anim, 2004, 17 (1): 53-62.

[154] ORSKOV E R, MCDONALD I. The estimation of protein degradability in the rumen from incubation measurements weighted according to rate of passage [J]. J Agric Sci, 1979, 92 (2): 499-503.

[155] VANZANT E S, COCHRAN R C, TITGEMEYER E C. Standardization of in situ techniques for ruminant feedstuff evaluation [J]. J Anim Sci, 1998, 76 (10): 2717-2729.

[156] LI F, WANG Z, DONG C, et al. Rumen bacteria communities and performances of fattening lambs with a lower or greater subacute ruminal acidosis risk [J]. Front Microbiol, 2017, 8: 2506.

[157] GOLDER H M, CELI P, RABIEE A R, et al. Effects of grain, fructose, and histidine on ruminal pH and fermentation products

during an induced subacute acidosis protocol [J]. J Dairy Sci, 2012, 95 (4): 1971-1982.

[158] CAO B B, JIN X, YANG H J, et al. Microbial release of ferulic and p-coumaric acids from forages and their digestibility in lactating cows fed total mixed rations with different forage combinations [J]. J Sci Food Agric, 2016, 96 (2): 650-655.

[159] JANČÍK F, KOUKOLOVÁ V, HOMOLKA P. Ruminal degradability of dry matter and neutral detergent fibre of grasses [J]. Czech J Ani Sci, 2010, 55 (9): 359-371.

[160] WANG P, LIU C, CHANG J, et al. Effect of physicochemical pretreatments plus enzymatic hydrolysis on the composition and morphologic structure of corn straw [J]. Renew Energ, 2019, 138: 502-508.

[161] PIAO H, LACHMAN M, MALFATTI S, et al. Temporal dynamics of fibrolytic and methanogenic rumen microorganisms during in situ incubation of switchgrass determined by 16s rRNA gene profiling [J]. Front Microbiol, 2014, 5: 307.

[162] ISHII S, KOSAKA T, HOTTA Y, et al. Simulating the contribution of coaggregation to interspecies hydrogen fluxes in syntrophic methanogenic consortia [M]. Applied and Environmental Microbiology, 2006, 72 (7): 5093-5096.

[163] SHEN H S, SUNDST L F, ENG E R, et al. Studies on untreated and urea-treated rice straw from three cultivation seasons: 3. Histological investigations by light and scanning electron microscopy [J]. Ani Feed Sci Tech, 1999, 80 (2): 151-159.

[164] BICKHART D M, WEIMER P J. Symposium review: Host-rumen microbe interactions may be leveraged to improve the productivity of dairy cows [J]. J Dairy Sci, 2018, 101 (8): 7680-7689.

[165] JIN W, WANG Y, LI Y, et al. Temporal changes of the bacterial community colonizing wheat straw in the cow rumen [J]. Anaerobe, 2018, 50: 1-8.

[166] 王丽, 许奇, 徐顺, 等. 茶多酚对微生物生长影响的研究进展 [J]. 现代食品科技, 2013, 29 (7): 1737-1741.

[167] ZENED A, COMBES S, CAUQUIL L, et al. Microbial ecology of the rumen evaluated by 454 gs flx pyrosequencing is affected by starch and oil supplementation of diets [J]. FEMS Microbiol Ecol, 2013, 83 (2): 504-514.

[168] O'HERRIN S M, KENEALY W R. Glucose and carbon dioxide metabolism by *Succinivibrio dextrinosolvens* [J]. Appl Environ Microbiol, 1993, 59 (3): 748-755.

[169] ZHANG L, CHUNG J S, JIANG Q Q, et al. Characteristics of rumen microorganisms involved in anaerobic degradation of cellulose at various pH values [J]. Rsc Advances, 2017, 7 (64): 40303-40310.

[170] ROZMAN GRINBERG I, YIN G, BOROVOK I, et al. Functional phylotyping approach for assessing intraspecific diversity of *Ruminococcus albus* within the rumen microbiome [J]. FEMS Microbiol Lett, 2015, 362 (3): 1-10.

[171] 李巧玉, 方芳, 堵国成, 等. 魏斯氏菌在发酵食品中的应用 [J]. 食品与发酵工业, 2017, 43 (10): 241-247.

[172] HUWS S A, MAYORGA O L, THEODOROU M K, et al. Successional colonization of perennial ryegrass by rumen bacteria [J]. Lett Appl Microbiol, 2013, 56 (3): 186-196.

[173] HUWS S A, EDWARDS J E, CREEVEY C J, et al. Temporal dynamics of the metabolically active rumen bacteria colonizing fresh perennial ryegrass [J]. FEMS Microbiol Ecol, 2016, 92 (1): 1.

[174] LI D, LIU CM, LUO R, et al. Megahit: An ultra-fast single-node solution for large and complex metagenomics assembly via succinct de bruijn graph [J]. Bioinformatics, 2015, 31 (10): 1674-1676.

[175] NOGUCHI H, PARK J, TAKAGI T. Metagene: Prokaryotic gene finding from environmental genome shotgun sequences [J]. Nucleic Acids Res, 2006, 34 (19): 5623-5630.

[176] FU L, NIU B, ZHU Z, et al. Cd-hit: Accelerated for clustering the next-generation sequencing data [J]. Bioinformatics, 2012, 28 (23): 3150-3152.

[177] LI R, LI Y, KRISTIANSEN K, et al. Soap: Short oligonucleotide alignment program [J]. Bioinformatics, 2008, 24 (5): 713-714.

[178] HESS M, SCZYRBA A, EGAN R, et al. Metagenomic discovery of biomass-degrading genes and genomes from cow rumen [J]. Science, 2011, 331 (6016): 463-467.

[179] BUSK P K, PILGAARD B, LEZYK M J, et al. Homology to peptide pattern for annotation of carbohydrate-active enzymes and prediction of function [J]. BMC Bioinformatics, 2017, 18 (1): 214.

[180] BERLEMONT R, MARTINY A C. Genomic potential for polysaccharide deconstruction in bacteria [J]. Appl Environ Microbiol, 2015, 81 (4): 1513-1519.

[181] STEWART R D, AUFFRET M D, WARR A, et al. Assembly of 913 microbial genomes from metagenomic sequencing of the cow rumen [J]. Nat Commun, 2018, 9 (1): 870.

[182] HE B, JIN S, CAO J, et al. Metatranscriptomics of the hu sheep rumen microbiome reveals novel cellulases [J]. Biotechnol Biofuels, 2019, 12: 153.

[183] EL KAOUTARI A, ARMOUGOM F, GORDON J I, et al. The

abundance and variety of carbohydrate-active enzymes in the human gut microbiota [J]. Nat Rev Microbiol, 2013, 11 (7): 497-504.

[184] LAIRSON L L, HENRISSAT B, DAVIES G J, et al. Glycosyltransferases: Structures, functions, and mechanisms [J]. Annu Rev Biochem, 2008, 77: 521-555.

[185] JOSE V L, MORE R P, APPOOTHY T, et al. In depth analysis of rumen microbial and carbohydrate-active enzymes profile in indian crossbred cattle [J]. Syst Appl Microbiol, 2017, 40 (3): 160-170.

[186] KAJIKAWA H, KUDO H, KONDO T, et al. Degradation of benzyl ether bonds of lignin by ruminal microbes [J]. FEMS Microbiol Lett, 2000, 187 (1): 15-20.

[187] LYND L R, WEIMER P J, VAN ZYL W H, et al. Microbial cellulose utilization: Fundamentals and biotechnology [J]. Microbiol Mol Biol Rev, 2002, 66 (3): 506-577.

[188] BAYER E A, LAMED R, WHITE B A, et al. From cellulosomes to cellulosomics [J]. Chem Rec, 2008, 8 (6): 364-377.

[189] BIELY P. Microbial carbohydrate esterases deacetylating plant polysaccharides [J]. Biotechnol Adv, 2012, 30 (6): 1575-1588.

[190] WANG L, ZHANG G, XU H, et al. Metagenomic analyses of microbial and carbohydrate-active enzymes in the rumen of holstein cows fed different forage-to-concentrate ratios [J]. Front Microbiol, 2019, 10: 649.

[191] 赵磊. 茶多酚对氧化损伤奶牛乳腺上皮细胞的干预作用及机制研究 [D]. 呼和浩特：内蒙古农业大学, 2017.

[192] BAGNASCO S M. Role and regulation of urea transporters [J]. Pflugers Arch, 2005, 450 (4): 217-226.

[193] FENG X, ZHANG J, CHEN W N, et al. Proteome profiling of epstein-barr virus infected nasopharyngeal carcinoma cell line: Identification of potential biomarkers by comparative itraq-coupled 2d LC/MS-ms analysis [J]. J Proteomics, 2011, 74 (4): 567-576.

[194] MAKKAR H P, FRANCIS G, BECKER K. Bioactivity of phytochemicals in some lesser-known plants and their effects and potential applications in livestock and aquaculture production systems [J]. Animal, 2007, 1 (9): 1371-1391.

[195] 李丽, 闵育娜, 张伟, 等. 茶多酚对高酒糟日粮肉鸡生产性能和抗氧化特性的影响 [J]. 畜牧与兽医, 2012, 44 (3): 17-22.

[196] 王宇星, 隋美霞, 刘海霞, 等. 香精油对反刍动物瘤胃发酵的影响 [J]. 饲料博览, 2010 (2): 7-10.

[197] 王笑笑. 碳水化合物来源对泌乳奶牛氮素利用、尿液代谢组与瘤胃上皮细胞尿素转运蛋白和水通道蛋白表达的影响 [D]. 郑州: 河南农业大学, 2016.

[198] 赵培厅. 日粮不同 NFC/NDF 比对奶山羊瘤胃发酵功能和微生物区系变化的影响 [D]. 呼和浩特: 内蒙古农业大学, 2011.

[199] LIU C, WU H, LIU S, et al. Dynamic alterations in yak rumen bacteria community and metabolome characteristics in response to feed type [J]. Front Microbiol, 2019, 10: 1116.

[200] 高岩, 殷术鑫, 王璐, 等. 饲喂酸化乳对犊牛粪便微生物多样性的影响 [J]. 动物营养学报, 2020, 32 (5): 2427-2439.

[201] 李昆. 江西部分地区哺乳仔猪含 β-2 毒素基因的 a 型产气荚膜梭菌分子流行病学调查及拮抗 cpa 的乳酸杆菌筛选 [D]. 南昌: 江西农业大学, 2016.

[202] COX L M, YAMANISHI S, SOHN J, et al. Altering the intestinal microbiota during a critical developmental window has lasting metabolic consequences [J]. Cell, 2014, 158（4）: 705-721.

[203] THOETKIATTIKUL H, MHUANTONG W, LAOTHANACHAREON T, et al. Comparative analysis of microbial profiles in cow rumen fed with different dietary fiber by tagged 16s rRNA gene pyrosequencing [J]. Curr Microbiol, 2013, 67（2）: 130-137.

[204] O'HARA E, NEVES A L A, SONG Y, GUAN L L. The role of the gut microbiome in cattle production and health: Driver or passenger[J]. Annu Rev Anim Biosci, 2020, 8: 199-220.

[205] SHABAT S K, SASSON G, DORON-FAIGENBOIM A, et al. Specific microbiome-dependent mechanisms underlie the energy harvest efficiency of ruminants [J]. ISME J, 2016, 10（12）: 2958-2972.

[206] HOLMES E, KINROSS J, GIBSON G R, et al. Therapeutic modulation of microbiota - host metabolic interactions [J]. Sci Transl Med, 2012, 4（137）: 137-136.

[207] KANNAN S. Inflammation: A novel mechanism for the transport of extracellular nucleotide-induced arachidonic acid by s100a8/a9 for transcellular metabolism [J]. Cell Biol Int, 2003, 27（7）: 593-595.

[208] 王月, 徐冰红, 刘虎, 等. 溶质转运蛋白超家族的功能及结构研究进展 [J]. 现代生物医学进展, 2017, 17（24）: 4775-4783, 4793.

[209] HERTZEL A V, BENNAARS-EIDEN A, BERNLOHR D A. Increased lipolysis in transgenic animals overexpressing the epithelial fatty acid binding protein in adipose cells [J]. J Lipid Res, 2002, 43（12）: 2105-2111.

[210] VEERKAMP J H, PEETERS R A, MAATMAN R G. Structural and functional features of different types of cytoplasmic fatty acid-binding proteins [J]. Biochim Biophys Acta, 1991, 1081 (1): 1-24.

[211] 蒋婧. 山羊 ppary 和 fabp 家族基因的分离鉴定、组织表达及其多态性检测 [D]. 雅安: 四川农业大学, 2012.

[212] 邓炳楠. 白藜芦醇对高原红细胞增多症的调控作用及分子机制研究 [D]. 北京: 军事科学院, 2020.

[213] PFEFFER S. Membrane domains in the secretory and endocytic pathways [J]. Cell, 2003, 112 (4): 507-517.

[214] 赵神保. 进化保守的 dop1-neo1-mon2 复合物对糖基化和囊泡运输的研究 [D]. 无锡: 江南大学, 2020.

[215] HRISTOV AN, ROPP J K. Effect of dietary carbohydrate composition and availability on utilization of ruminal ammonia nitrogen for milk protein synthesis in dairy cows [J]. J Dairy Sci, 2003, 86 (7): 2416-2427.

[216] WANAPAT M, KONGMUN P, POUNGCHOMPU O, et al. Effects of plants containing secondary compounds and plant oils on rumen fermentation and ecology [J]. Trop Anim Health Prod, 2012, 44 (3): 399-405.

[217] 王炳, 罗海玲. 瘤胃微生物与宿主互作及其日粮调控研究进展 [J]. 生物技术通报, 2020, 331 (2): 44-53.

缩略语词汇表

Abbreviation

简写	英文名称	中文名称
GP	Gas production	产气量
CH_4	Methane	甲烷
CP	Crude protein	粗蛋白质
DM	Dry matter	干物质
NDF	Neutral detergent fiber	中性洗涤纤维
ADF	Acid detergent fiber	酸性洗涤纤维
NH_3-N	Ammonia-nitrogen	氨态氮
MCP	Microbial protein production	微生物蛋白产量
VFA	Volatile fatty acids	挥发性脂肪酸
mcr	methyl-coenzyme reductase	甲基-辅酶 M 还原酶
GHs	Glycoside Hydrolases	糖苷水解酶
GTs	Glycosyl Transferases	糖基转移酶
CEs	Carbohydrate Esterases	碳水化合物酯酶
CBMs	Carbohydrate-Binding Modules	碳水化合物结合模块
AAs	Auxiliary Activities	辅助氧化还原酶
PLs	Polysaccharide Lyases	多糖裂合酶

彩　图

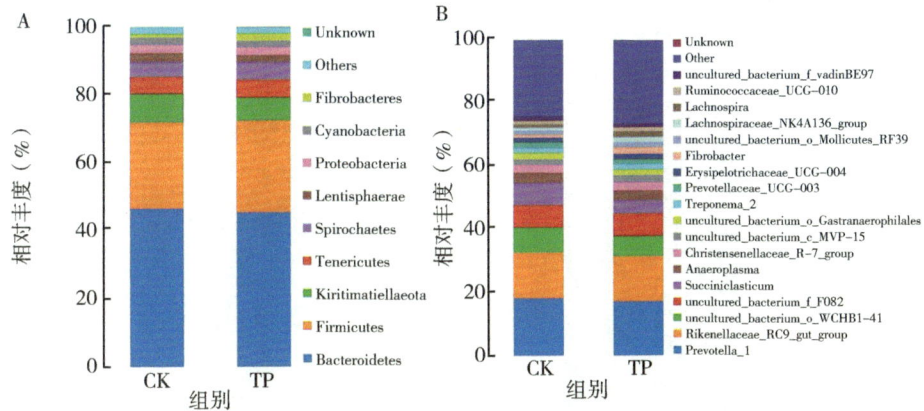

图2-3　茶多酚对体外发酵细菌组成的影响

注：A代表门水平；B代表属水平。CK代表对照组；TP代表茶多酚组。

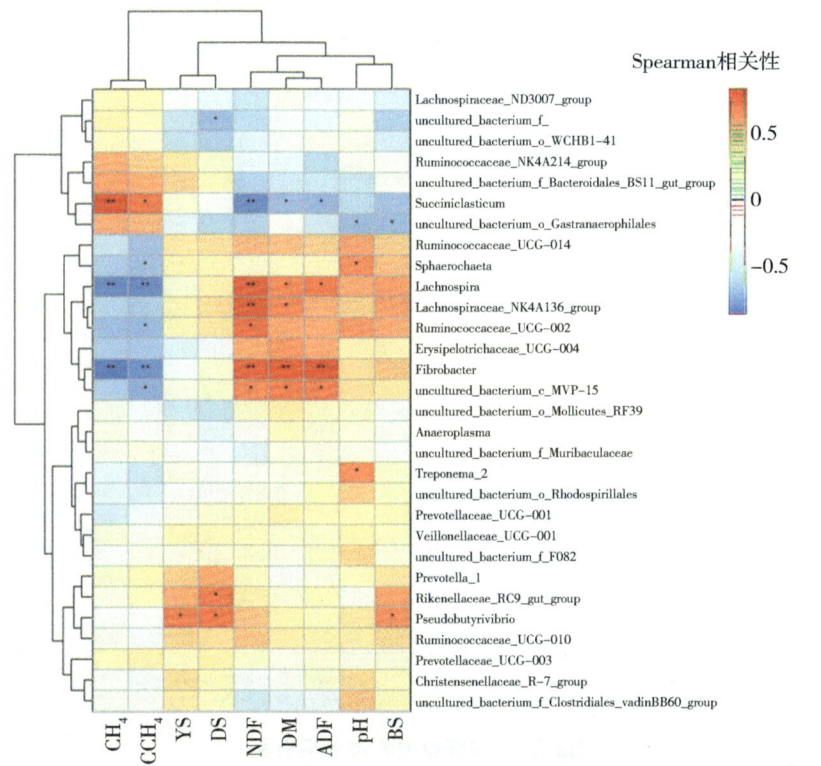

图2-6　瘤胃属水平微生物（TOP 30）和瘤胃环境因子之间的相关性分析

注：CCH_4代表甲烷浓度；YS代表乙酸；BS代表丙酸；DS代表丁酸。

· 1 ·

茶多酚调控奶牛低碳养殖的关键路径

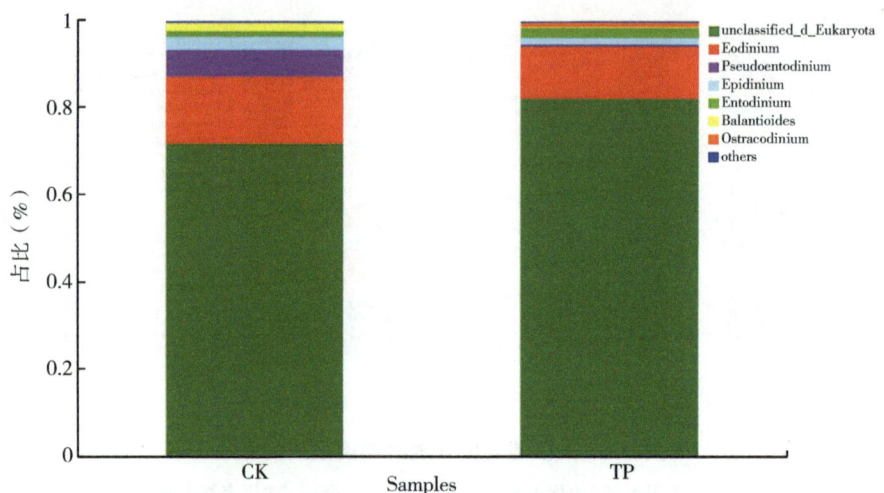

图2-18　茶多酚对体外发酵原虫（属水平）组成的影响

注：CK代表对照组；TP代表茶多酚组。

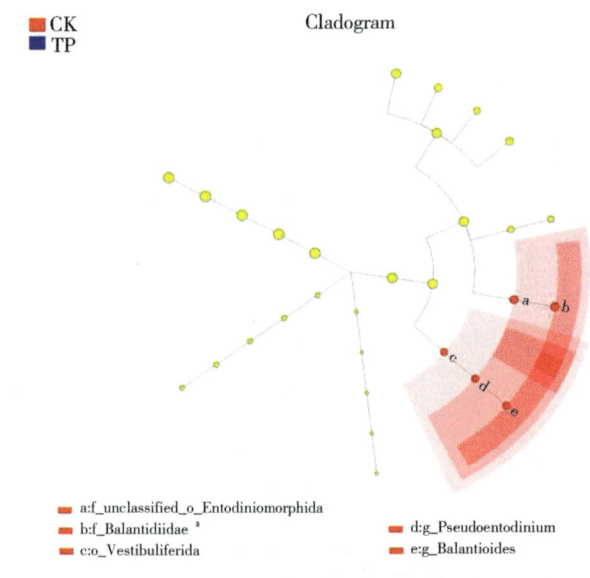

图2-19　瘤胃原虫物种差异分析

注：CK代表对照组；TP代表茶多酚组。

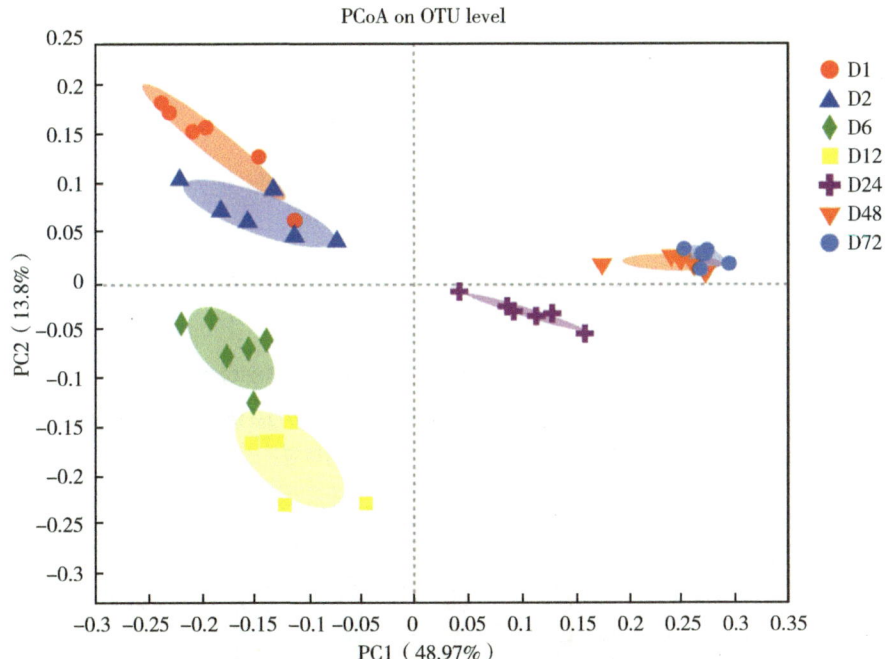

图3-7 对照组黏附在粗饲料上的细菌beta多样性

注：D1代表降解0～5 h的样品；D2、D6、D12、D24、D48、D72分别代表降解2 h、6 h、12 h、24 h、48 h和72 h的样品；D代表对照组。

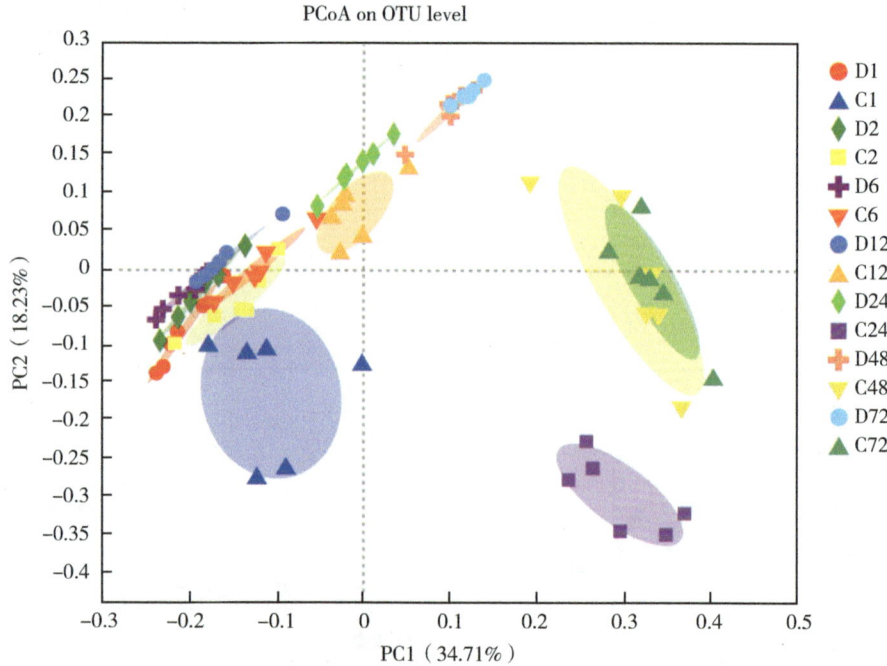

图3-8 茶多酚对黏附在粗饲料上的细菌beta多样性的影响

注：D1代表降解0～5 h的样品；D2、D6、D12、D24、D48、D72分别代表降解2 h、6 h、12 h、24 h、48 h和72 h的样品；C同D一样。D代表对照组；C代表茶多酚组。

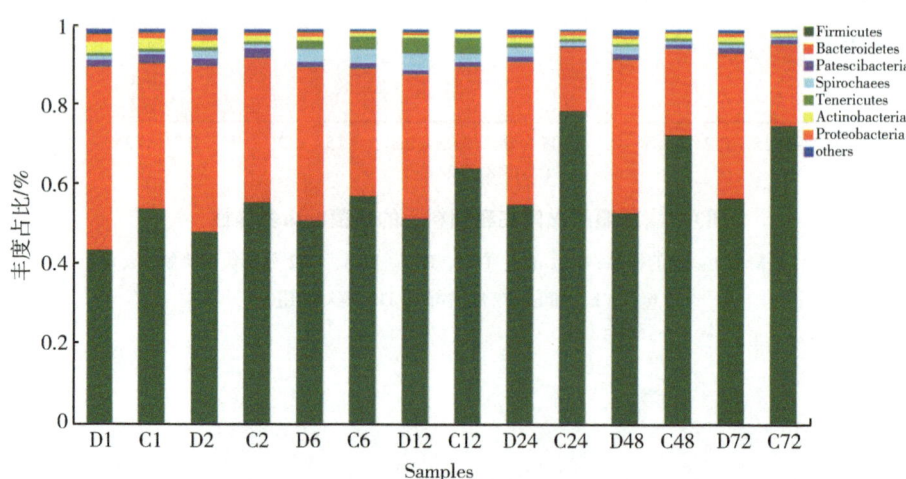

图3-9 茶多酚对黏附在粗饲料上的细菌（门水平）组成的影响

注：D1代表降解0～5 h的样品；D2、D6、D12、D24、D48、D72分别代表降解2 h、6 h、12 h、24 h、48 h和72 h的样品；C同D一样。D代表对照组；C代表茶多酚组。

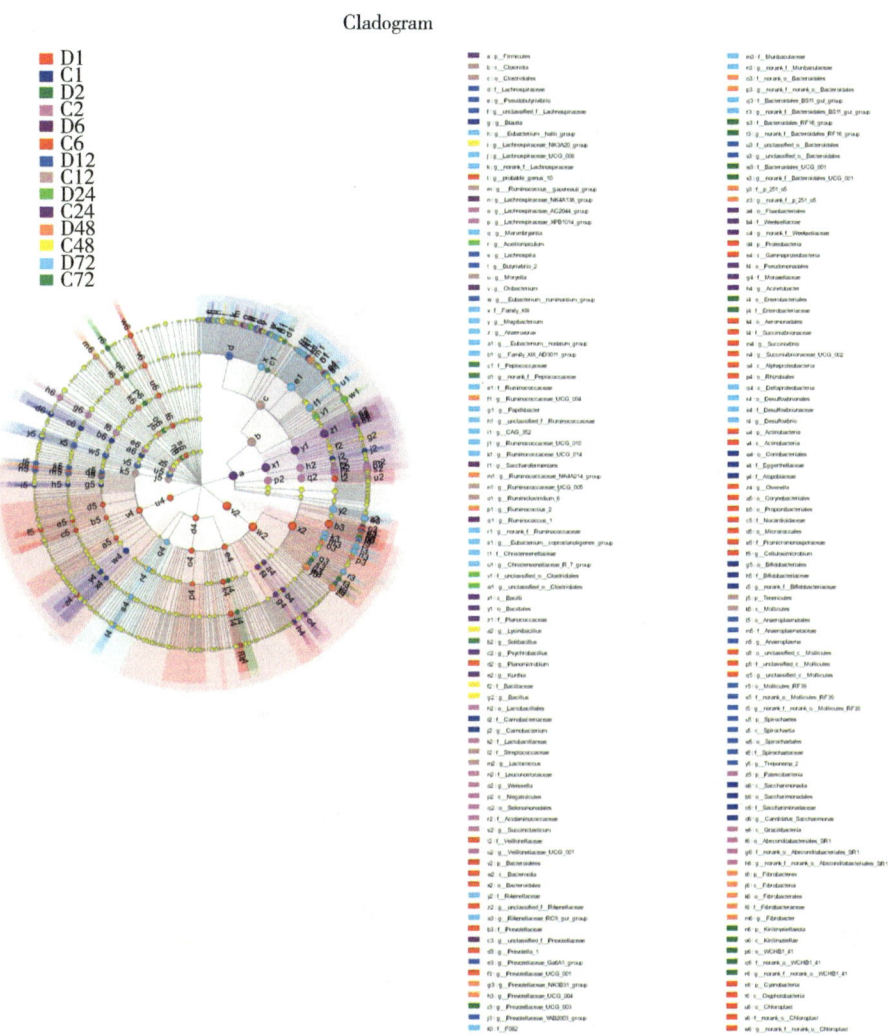

图3-10　黏附微生物差异分析

茶多酚调控奶牛低碳养殖的关键路径

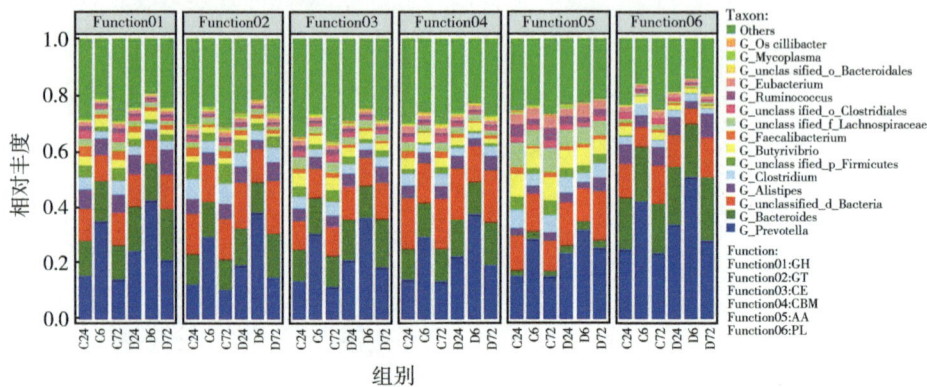

图3-13　物种与功能贡献度分析

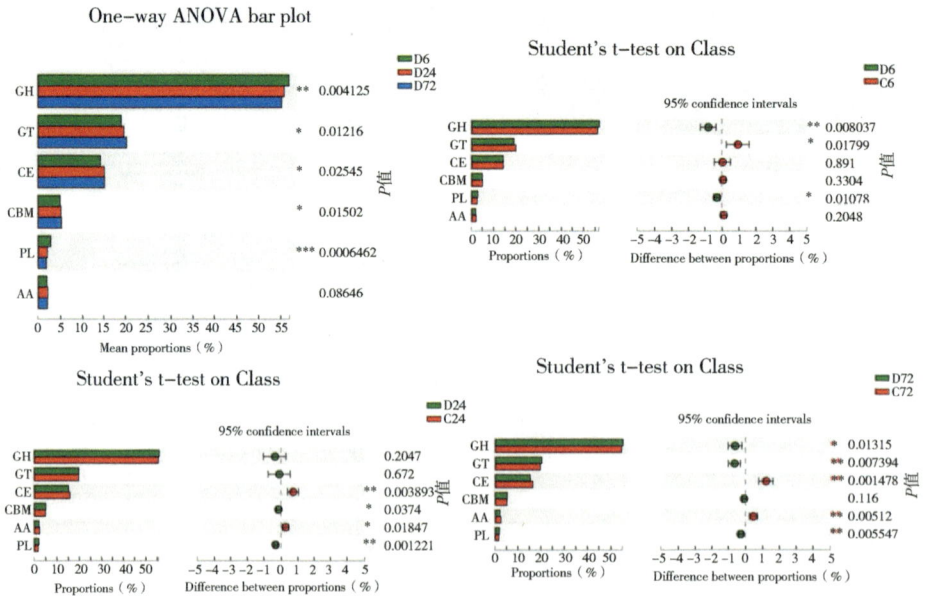

图3-15　宏基因组学Class水平CAZymes丰度差异分析

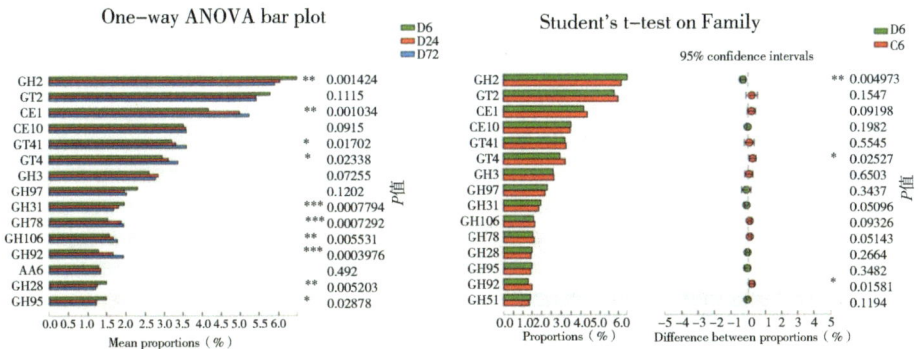

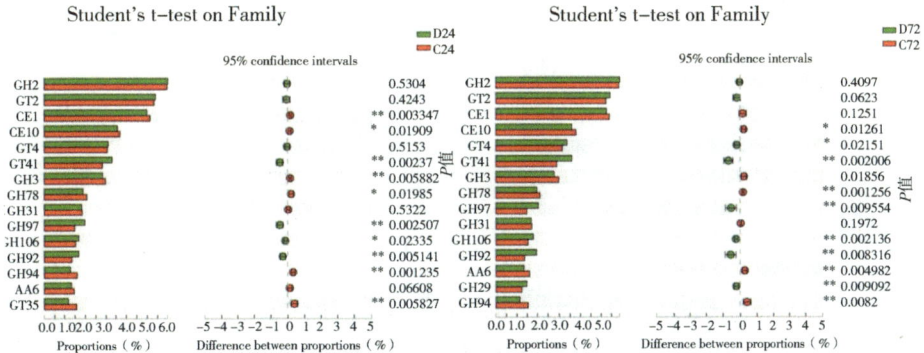

图3-16 宏基因组学Family水平CAZymes丰度差异分析

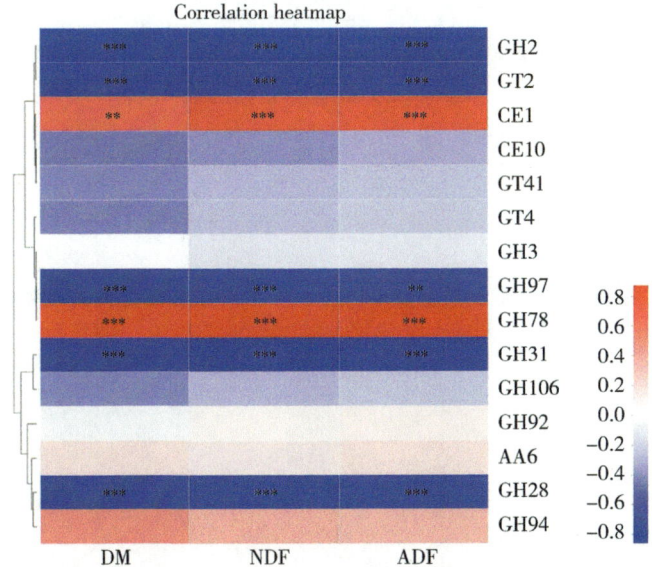

图3-17 Family水平CAZymes酶与粗饲料降解率的spearman相关关系

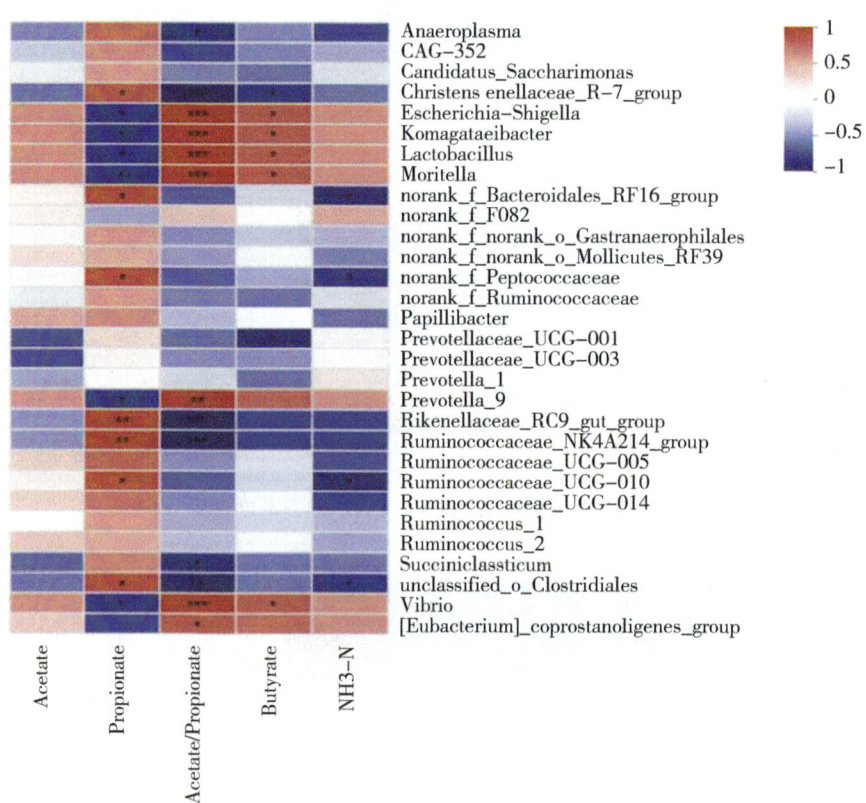

图4-2 瘤胃（属水平）微生物（TOP 30）和环境因子之间的相关性分析